体验科学

中国科学技术馆生物实践课

中国科学技术馆 编

科学普及出版社

·北京·

图书在版编目（CIP）数据

中国科学技术馆生物实践课/中国科学技术馆编. —北京：科学普及出版社，2018.4
（体验科学）
ISBN 978-7-110-09732-8

Ⅰ．①中… Ⅱ．①中… Ⅲ．①生物学−青少年读物 Ⅳ．①Q−49

中国版本图书馆CIP数据核字（2018）第009035号

策划编辑　郑洪炜
责任编辑　李　洁　史朋飞
封面设计　逸水翔天
责任校对　焦　宁
责任印制　马宇晨

出　　版　科学普及出版社
发　　行　中国科学技术出版社发行部
地　　址　北京市海淀区中关村南大街16号
邮　　编　100081
发行电话　010-62173865
投稿电话　010-63581070
网　　址　http://www.cspbooks.com.cn

开　　本　889mm×1194mm　1/16
字　　数　220千字
印　　张　10.75
版　　次　2018年4月第1版
印　　次　2018年4月第1次印刷
印　　刷　北京盛通印刷股份有限公司
书　　号　ISBN 978-7-110-09732-8/Q·232
定　　价　68.00元

《把科技馆带回家》丛书编委会

顾　　　问　　齐　让　程东红

丛 书 主 编　　徐延豪

丛书副主编　　白　希　殷　皓　苏　青　秦德继

统 筹 策 划　　郑洪炜

《把科技馆带回家　体验科学》系列编委会

顾　　　问　　束　为

主　　　编　　殷　皓　苏　青

副 主 编　　欧建成　隗京花　庞晓东　廖　红

《体验科学 中国科学技术馆生物实践课》编委会

主　　编　　张志坚　乔文军

成　　员　　（按姓氏笔画排序）

王珊珊　王洪鹏　王紫色　叶菲菲　伍　凯　刘天旭

刘伟霞　刘艳娜　刘　颖　芦　颖　杜心宁　李亚辉

李光明　李彦彬　李笑菲　李　倩　杨楣奇　张华文

张　林　张　磊　邵　航　林晓晨　罗　迪　周超义

秦媛媛　高　婷　唐剑波　曹　朋　程兆洁　蔺增曦

霍菲菲

移动平台设计　　卢志浩　周明凯

视频编辑制作　　吴彦旻　郝倩倩　王　鹏　药　蓬　李竞萌　耿　娴

阚子毅　任继伟　胡　博　张永乐　张　乐　郭　娟

杨肖军　王　薇　裴媛媛

视频拍摄人员　　孙伟强　黄　践　王　晔　刘枝灵　张磊巍　秦英超

秦媛媛　高梦玮　桑晗睿　杨　洋

　　科学素质是实施创新驱动发展战略和全面建成小康社会的群众基础和社会基础，是国家综合国力的重要体现。日前，全民科学素质行动已成为国家发展战略的重要组成部分。2015年，我国公民具备科学素质的比例达到6.2%。2016年2月，国务院办公厅印发《全民科学素质行动计划纲要实施方案（2016—2020年）》（国办发〔2016〕10号），明确提出要实施四个重点人群科学素质行动。第一个行动就是实施青少年科学素质行动，着力推进义务教育、高中和高等教育阶段科技教育，开展校内外结合的科技教育活动。

　　中国科学技术馆（以下简称中国科技馆）是我国唯一的国家级综合性科技馆，秉持"体验科学、启迪创新、服务大众、促进和谐"的理念，通过科学性、知识性、趣味性相结合的展览内容和丰富多彩的教育活动，反映科学原理及技术应用，鼓励公众在动手探索实践中学习科学知识，培养科学思想、科学方法和科学精神。建馆以来，中国科技馆始终高度重视与校内科学教育的深度融合，使科技馆展览资源与学校科学教育，特别是科学课程、综合实践、研究性学习相结合，有效地促进了两者的衔接。

　　2008年，中国科技馆被北京市教委确定为北京市中小学生"首批社会大课堂资源单位"；2011年发布的《教育部　科技部　中国科学院　中国科协关于建立中小学科普教育社会实践基地开展科普教育的通知》中，将科技馆、自然博物馆、专业技术博物馆等科普类场所纳入中小学科普教育社会实践基地资源单位。2014年，北京市教委印发《北京市基础教育部分学科教学改进意见》（京教基二〔2014〕22号），明确提出中小学校各学科平均应有不低于10%的课时用于开展校内外综合实践活动课程。

　　2016年，习近平总书记在"科技三会"上指出："科技创新、科学普及是实现创新发展的两翼，要把科学普及放在与科技创新同等重要的位置。没有全民科学素质的普遍提高，就难以建立起宏大的高素质创新大军，难以实现科技成果快速转化。"其中，全民科学素质提高的一个重要方面就是青少年科学素质的提升。近年来，随着教育改革的不断深入，学校教育更加注重联系实际，让学生在探究中学习，在体验中成长，全面提升他们的科学素质和创新能力。北京市中考试卷也紧扣基础知识和基本技能，凸显基础性、生活性、科学性、视野性，宽而不俗，深而不难。自2015年起，北京市中考试卷中已连续3年出现直接源自中国科技馆展品的试题，为教育改革提供了良好的实践探索。

为使中小学生更加深入地了解中国科技馆展品资源，打造中小学校外科学实践活动资源载体，中国科技馆基于中小学课程标准、依托本馆展品，组织馆内一线科技辅导员与北京市知名学校学科教师共同编写了《体验科学》系列丛书，现已出版物理、生物、化学三个分册。各分册依据本学科课程标准，选取馆内经典展品，进行主题式资源解析。每个主题下设"探索发现""资源简介""观察思考""分析解释""做一做""阅读理解""学习任务单"七个部分。内容根据学生认知特点和日常生活经验设计，倡导探究式学习和启发式教学，将"寓教于乐"的学习氛围带到学生身边，鼓励学生独立思考和实践，激发学生的好奇心、想象力和创造力，提高学生的科学素质、创新精神和实践能力。此外，学生还可通过扫描书中二维码的方式，获取拓展知识、展品辅导等相关图片、视频资料。

《体验科学》系列丛书是中国科技馆科技辅导员与学校教师在多年实践工作基础上的集体智慧结晶，也是丰富和推动校内外科技教育活动对接的有益尝试。今后，中国科技馆将继续推动与学校的深度合作，完善校内外优质科学教育资源整合，在实践中探索，在创新中发展，开创中小学校外科学教育新局面，为提高全民科学素质、夯实国家科技创新基础做出积极贡献。

中国科技馆馆长

2017年8月

目录

1. 十三种不同嘴型的雀鸟
——达尔文的思索

课程设计：霍菲菲　程兆洁

探索发现

想知道达尔文寻求自然科学奥秘的故事吗？在美丽的加拉帕戈斯群岛上，达尔文又有哪些探索和发现？让我们去参观中国科技馆二层"探索与发现"B厅"生命之秘"展区吧！体验展品"十三种不同嘴型的雀鸟——达尔文的思索"，寻找答案，并感受达尔文勇于探索的科学精神。

资源简介

1. 装置简介

展品右侧的视频和书籍介绍了达尔文在岛上的所见所闻，书籍每页内容与视频内容对应。左侧有4个鸟嘴玩偶，分别对应四种雀鸟的鸟嘴，分别是嘴细而尖、形体似莺的莺雀；利用仙人掌刺或小树枝钩食树皮缝内昆虫的啄树雀；嘴型短粗、以种子为食的大地雀；以及嘴型与鹦鹉相似、适合吃花蕾和水果的素食树雀。

十三种不同嘴型的雀鸟——达尔文的思索

2．操作方法

（1）翻动书籍，视频切换播放，介绍书中对应内容。

（2）将手分别伸进左侧四个鸟嘴玩偶手套中，体验不同嘴型的雀鸟觅食的过程。

3．现象

右侧书上的每一页都有不同的二维码，翻动书页，上方的识别器通过识别可以使屏幕上播放与此页内容相对应的视频。左侧不同形状的鸟嘴夹食不同食物的难易不同，我们可以体会到物种为适应环境而发生改变的道理。

观察思考

1．加拉帕戈斯群岛上的树雀在哪个结构上出现了明显的差异？

2．雀鸟之间的这种差异与其生活环境有什么关系？

分析解释

加拉帕戈斯群岛距离南美大陆约970千米，由一些海底火山喷发形成的小岛组成，群岛上生活着一群看起来不怎么起眼的鸟类。1835年，达尔文随皇家海军"贝格尔"号勘探船造访此地，第一次采集到了这些鸟类的标本。在加拉帕戈斯群岛上共生活着13种雀鸟，其中6种为树雀，其余是地雀和莺雀。这些不同的地雀多呈暗淡的黑色或褐色，它们之间的差异主要体现在鸟的体型与鸟嘴的大小上。其中，素食树雀的嘴与鹦鹉相似，主要以花蕾与水果为食；大树雀、查理树雀、小树雀则捕食树上的昆虫，它们主要在体型与嘴的大小上存在差异；红木树雀以红树林沼地的昆虫为食；䴕形树雀则像啄木鸟一样在树干上猎食昆虫，其利用仙人掌刺或小树枝钩食树皮缝内昆虫。这些地雀的嘴型因其食物的种类而发生了变化。

📶 扫一扫二维码，登录中国数字科技馆，看看实验过程及现象。

模拟自然选择

1. 实验器材

1个装有豆粒的瓷盘，塑料杯，晾衣夹，汤匙，镊子，解剖针。

2. 实验步骤

（1）请四位同学分别用晾衣夹、汤匙、镊子和解剖针作为"取食"工具，扮演四种不同喙型的地雀。

（2）在一分钟内，每只"地雀"从盘中"啄取"20粒豆粒，放入塑料杯。"啄食"足量的"地雀"存活，并选两位同学作为自己的"后代"，参加下一回合的活动，"啄食"不足的"地雀"则被淘汰。

（3）第二回合的"啄食"活动时间为45秒，第三回合为30秒，第四回合为15秒。每次活动后分别统计各种"地雀"的数量及其"繁殖后代"的状况。

实验数据统计表

嘴型\回合	晾衣夹		汤匙		镊子		解剖针	
	开始数目	幸存数目	开始数目	幸存数目	开始数目	幸存数目	开始数目	幸存数目
1	1		1		1		1	
2								
3								
4								

在加拉帕戈斯群岛上生活着13种雀鸟，它们有的生活在树上，有的生活在仙人掌上，有的生活在地上；它们有的只吃种子，有的以花或植物汁液为食，有的捕食虫子。虽然它们属于不同品种，但它们却有共同的祖先，即来自南美洲的一种雀鸟。那么南美雀鸟来到加拉帕戈斯群岛之后，到底发生了什么，使得它分化出如此丰富多样的后代。达尔文认为这是进化的结果，是自然选择的力量，需要极其漫长的时间。美国普林斯顿大学的格兰特教授夫妇以20多年的实地考察研究，亲自见证了生物的进化过程。

1972年，格兰特夫妇到了加拉帕戈斯群岛中的达芬·梅杰岛，这里与世隔绝，岛上的物种几乎不传播出去，其他岛上的物种也很少传播进来，这是研究物种自然演化非常好的基地。在来之前他们通过前人的观察记录了解到不同种类地雀的喙差异很大，所以，鸟喙的测量是他们研究的主要内容之一，根据鸟喙的长度、宽度和深度，区分大地雀、中地雀和小地雀。鸟喙是取食器官，研究鸟喙当然就要研究它们食物的特点。格兰特一行发现地雀只吃20多种植物的种子。考察队员们像测量鸟喙一样，用游标卡尺仔细测量了每种种子。他们还用坚果钳测量了几种植物种子的硬度。

然而，从1976年下半年开始，岛上的降水突然减少了很多，甚至1977年的雨季也遗忘了这个小岛，达芬·梅杰岛经历了前所未有的干旱。地上的食物所剩无几，种子的数量减少了80%左右。雀鸟们很难寻找到食物，已经停止了求偶，就连孵化出的许多幼鸟都死亡了。在荒凉的岛上，死鸟随处可见。

岛上有一种野草叫蒺藜，蒺藜的果实就像带钉的铁球，质地坚硬，外面长着尖利的刺。每颗蒺藜果实都有6瓣，每瓣上长有2~4个刺，每瓣中有1排种子，就像豌豆依偎在豆荚中一样。

蒺藜

几种雀鸟中，小地雀是从来不吃蒺藜瓣的，只有大地雀和中地雀才敢对蒺藜瓣发起攻击，它们各有各的招数。

大地雀能用强有力的喙把整个蒺藜瓣嚼碎，吃光所有种子，然后才飞走寻找另一个蒺藜。中地雀的喙较小，力量较弱，只能像拧盖子一样剥食蒺藜，一般情况下，它只吃一两粒种子就飞走了。

谁的速度快，谁就是竞争中的赢家，大地雀显然是赢家，它在1分钟内可以嗑开2个蒺藜瓣，吃到4颗种子。而中地雀超过1.5分钟才能嗑开2个蒺藜瓣，吃到3颗种子。因此，大地雀每分钟获得的能量大约是中地雀的2.5倍，同时它们能从每个蒺藜瓣中吃到较多的种子，所以它们活动的范围小，能量消耗也小。

当然大地雀比中地雀身型大，所需的食物和能量是中地雀的1.5倍，但它能获得的能量是中地雀的2.5倍，所以依然处于领先地位。

同时，喙型存在差异的中地雀也被区分出来，喙长11毫米的中地雀能嗑开蒺藜瓣，喙长10.5毫米的中地雀却连试都不试。

大旱过后，格兰特观察了幸存者的喙。他们掌握了较为准确的数据，从而分析出了哪类雀鸟经历大旱后得以幸存。他们发现幸存下来的中地雀比死去的中地雀的个体平均大5%～6%。大旱之前中地雀喙的平均长度为10.68毫米，深度为9.42毫米。大旱之后幸存下来的中地雀喙的平均长度为11.07毫米，深度为9.96毫米。

2. 显性与隐性

课程设计：李笑菲　张林

探索发现

描述一下你的外貌特征，你是直发还是自然卷？双眼皮还是单眼皮？每个人为什么都长得既像爸爸又像妈妈，可又不完全和他们一样？你知道同一种植物为什么会开出不一样颜色的花吗？猫的毛为什么有长有短，还存在颜色差异？以上这些问题又都是由什么决定的？

也许你知道，这些都是由基因决定的。那么，基因从哪里来？基因又是怎样发挥作用，决定外貌特征的呢？来中国科技馆二层"探索与发现"B厅"生命之秘"展区来体验一下生命的奥秘吧！

资源简介

1. 装置简介

中国科技馆"探索与发现"B厅的展品"显性与隐性"，向我们展示了等位基因的显隐性如何决定生物性状。该展品通过按

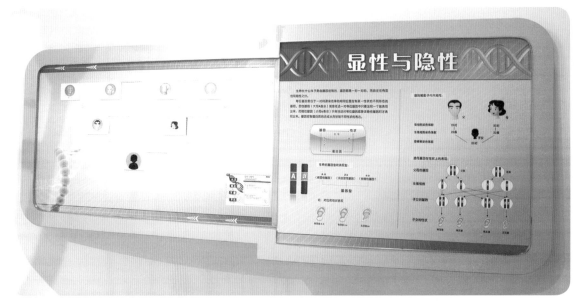

显性与隐性

钮选择，介绍了四种外貌特征（是否是自然卷、是否是双眼皮、有无耳垂、舌头能否卷曲）的遗传特性与遗传机制。

2．操作方法

按下按钮选定一种你要观察的外貌（头发/眼皮/耳垂/舌头），然后通过按钮为爷爷、奶奶、外公、外婆分别选择相应的特征，如为每个人分别选择是有耳垂或无耳垂，记录下用来表示的基因有几种，观察爸爸、妈妈的耳垂会出现什么特征？分析有几种可能的基因？你的耳垂会出现什么特征？

3．现象

一般来说，基因是成对出现的。耳垂的特征由一对等位基因决定，有耳垂基因（A）相对于无耳垂基因（a）是显性基因。所以只要有显性基因A，个体（基因型AA或Aa）都表现为有耳垂。在有性繁殖中，父亲和母亲随机传递各自等位基因中的一个给子代，重新组成一对等位基因。这件展品中，当选择了有耳垂（AA）与无耳垂（aa）的特征作为亲本，子代则都有耳垂（基因型均为Aa）；当选择了有耳垂（Aa）和无耳垂（aa）作为亲本，子代有耳垂（Aa）与无耳垂（aa）的概率均为50%；当选择了有耳垂（Aa）和有耳垂（Aa）作为亲本，子代有耳垂（AA/Aa）与无耳垂（aa）的概率分别为75%和25%（AA：Aa：aa为1：2：1）。

观察思考

1．生物所表现出来的各种性状是由什么控制的？

2．在生物传种接代的过程中，传下去的是性状还是控制性状的基因？

3．为什么父母都有耳垂却有可能生出无耳垂的孩子？

分析解释

利用模型自主选择亲代的性状时，你会发现：一对父母都有耳垂，却生出了一个无耳垂的孩子，这是为什么呢？

生物体形态结构、生理和行为等特征统称为性状。同一性状的不同表现形式称为相对性状，如有耳垂和无耳垂、单眼皮和双眼皮分别是一对相对性状。遗传学认为，性状的表现是由特定基因控制的，人有耳垂的性状是由有耳垂的基因控制的，无耳垂的性状是由无耳垂的基因控制的。控制相对性状的基因有显性和隐性之分，构成一对等位基因。控制显性性状的基因称为显性基因，控制隐性性状的基因称为隐性基因。当显性基因和隐性基因同时存在时，显性基因会掩盖隐性基因的作用，只表现出显性基因的作用。我们常用同一英文字母的大、小写分别表示显性基因和隐性基因。

研究发现，在有耳垂和无耳垂这对相对性状中，有耳垂是显性性状，无耳垂是隐性性状。所以有耳垂基因是显性基因，用A表示；无耳垂基因是隐性基因，用a表示。A对a有掩盖作用。一个人表现为有耳垂还是无耳垂，由这个人体细胞中的基因组成决定。由于体细胞中的染色体成对存在，所以位于染色体上的基因在体细胞中也是成对的。根据以上分析，我们可以得出耳垂的基因组成和性状表现存在如下对应关系。

基因组成与性状表现对应表

基因组成	AA	Aa	aa
性状表现	有耳垂	有耳垂	无耳垂

人是由受精卵发育而来的。男性产生的精子与女性产生的卵细胞结合形成受精卵，受精卵继续发育形成完整的个体。因而新生命具有父母双方的基因，性状的遗传实质上是亲代通过生殖过程将基因传递给子代。生物个体形成生殖细胞时，亲本体细胞中成对的基因会随着成对的染色体的分离而分离，分别进入到不同的精子或卵细胞中，精子或卵细胞只得到了成对基因中的一个。然后通过受精作用，子代受精卵中的基因又恢复成对。那么一对有耳垂的夫妇，为什么会生一个无耳垂的孩子呢？

我们已经知道，有耳垂的人的基因组成可能为AA或Aa。假如有耳垂的这对夫妇的基因组成都为Aa，那么父亲将可以产生含有A基因或含有a基因的两种精子，母亲也可以产生含有A基因或含有a基因的两种卵细胞。如果含a基因的卵细胞与含有a基因的精子结合，所生孩子的基因组成为aa，其性状表现必然是无耳垂，见如下遗传图解。

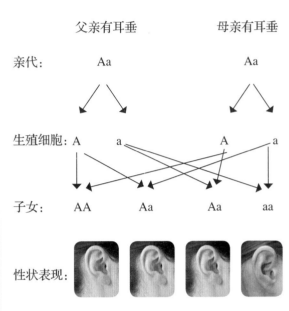

扫一扫二维码，登录中国数字科技馆，看看实验过程及现象。

1. 实验材料

彩笔，白纸。

2. 实验步骤

（1）用彩色笔画出一对夫妇头像，从下面几项中为他们选择合适的性状。

1）性别：XX表示女性，XY表示男性。

2）眼睛性状：方形的眼睛显性（Rr/RR），圆形的眼睛隐性（rr）。

3）鼻子性状：三角形的鼻子显性（Tt/TT），椭圆形的鼻子隐性（tt）。

4）牙齿性状：圆点形的牙齿显性（Ff/FF），方形的牙齿隐性（ff）。

（2）在画好这对夫妇之后，标记出控制每种性状的基因组成。如果你选择的性状是受显性基因控制的，可以从可能的基因组合中任选一种。

（3）假设他们婚后生育了3个孩子，用抛硬币的方法来决定每个亲本传给后代的基因是什么，并依据得到的性状来绘制每个后代的模型，并注明每个性状的基因组成。把亲本标记成"P代"，把后代标记成"F_1代"。

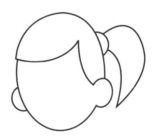

阅读理解

人类ABO血型的遗传

遗传学早期研究只涉及一个基因的两种等位形式，如豌豆的圆形基因与皱形基因等。然而，进一步研究发现，在大多数生物群体中，一个基因可以有很多种等位形式，如a_1，a_2……a_n。但由于人类体细胞中染色体上的基因成对存在，所以就其中每一个二倍体（细胞核内含有两个染色体组的生物个体）的细胞而言，最多只能有其中的任意两种，而且分离的原则也与一对等位基因的相同。人类的血型有A、B、AB、O四种类型，受控于第九对染色体上的I^A、I^B、i三种基因。其中，I^A和I^B对i为显性，I^A和I^B为共显性基因，即这两个基因同时存在时，其所控制的性状在个体中都能表现出来。任何一个人不会同时具有这三种等位基因，而是只有其中任意两个，表现出一种特定的性状。A、B、AB、O这四种血型的对应基因组成为I^AI^A，I^Ai，I^BI^B，I^Bi，I^AI^B，ii。根据父母的血型和基因在亲子代细胞间传递的规律，可以推测出子女中可能出现的血型和不可能出现的血型。

亲代血型对应表

婚配	父母		后代	
	性状表现	基因组成	基因组成	性状表现
1	O×O	ii×ii	ii	O
2	O×A	ii×I^Ai ii×I^AI^A	I^Ai, ii I^Ai	A, O A
3	O×B	ii×I^Bi ii×I^BI^B	I^Bi, ii I^Bi	B, O B
4	A×A	I^Ai×I^Ai I^AI^A×I^Ai I^AI^A×I^AI^A	I^AI^A, I^Ai, ii I^AI^A, I^Ai I^AI^A	A, A, O A A
5	A×B	I^Ai×I^Bi I^AI^A×I^Bi I^Ai×I^BI^B I^AI^A×I^BI^B	I^AI^B, I^Ai, I^Bi, ii I^AI^B, I^Ai I^AI^B, I^Bi I^AI^B	AB, A, B, O AB, A AB, B AB
6	B×B	I^Bi×I^Bi I^BI^B×I^Bi I^BI^B×I^BI^B	I^BI^B, I^Bi, ii I^BI^B, I^Bi I^BI^B	B, B, O B B
7	O×AB	ii×I^AI^B	I^Ai, I^Bi	A, B
8	A×AB	I^Ai×I^AI^B I^AI^A×I^AI^B	I^AI^A, I^AI^B, I^Ai, I^Bi I^AI^A, I^AI^B	A, AB, A, B A, AB
9	B×AB	I^Bi×I^AI^B I^BI^B×I^AI^B	I^BI^B, I^AI^B, I^Ai, I^Bi I^BI^B, I^AI^B	B, AB, A, B B, AB
10	AB×AB	I^AI^B×I^AI^B	I^AI^A, I^BI^B, I^AI^B	A, B, AB

3. 孟德尔豌豆实验

课程设计：李笑菲　李彦彬

　　是谁发现了生物的遗传规律？他是如何发现的？遗传规律的发现对于现代生物学的发展及我们生活的世界有什么意义？到中国科学技术馆二层"探索与发现"B厅"生命之秘"展区，体验"孟德尔豌豆实验"这件展品，听听它是怎么说的吧！

孟德尔豌豆实验

1. 装置简介

展品"孟德尔豌豆实验",分两部分向我们展示了孟德尔利用豌豆发现遗传规律的实验过程。第一部分,通过视频,分四步向我们介绍了孟德尔培育豌豆、进行实验的全部经过与发现。第二部分,模拟演示了豌豆的遗传过程。从中可以观察到具有不同相对性状的豌豆亲本,它们的后代可能具有的性状类型及分布比例。

2. 操作方法

第一部分

推动滑杆至不同位置,观看四个视频短片。

第二部分

按下第一排的两枚豌豆(一绿一黄/一圆一皱),让不同特征的豌豆杂交,看子一代豌豆特征,再按下子一代中的一枚豌豆,使其自交,查看子二代豌豆的特征分布。

3. 现象

第二部分

当按下一绿一黄两枚豌豆进行杂交时,子一代豌豆均为黄色;当按下子一代黄色豌豆进行自交后,子二代豌豆黄色:绿色=3:1。

当按下一圆一皱两枚豌豆进行杂交时,子一代豌豆均为圆形豌豆;当按下子一代圆形豌豆进行自交后,子二代豌豆圆形:皱缩=3:1。

📶 扫一扫二维码,登录中国数字科技馆,看看实验过程及现象。

观察思考

1. 为什么选择一黄一绿豌豆作为亲代,子一代却都是黄色豌豆呢?子二代的豌豆为什么又有黄有绿呢?

2. 子二代中,黄色的豌豆有三个,绿色的有一个,这代表具体数量,还是比例?

分析解释

通过视频的演示,我们可以了解到:亲代分别为纯种黄色和纯种绿色豌豆时,子一代全部表现为黄色,在子二代中,既有黄色也有绿色出现,于是我们称黄色性状为显性性状,绿色性状为隐性性状。子二代同时出现显性性状黄色和隐性性状绿色称之为性状分离。那么,为什么显性性状(黄色)在子一代能"占上风",在子二代中又让隐性性状(绿色)"扳回一城"呢?

原来，性状是受基因控制的，在这个实验演示中，一对基因的组成决定生物体外在表现出来的性状。例如：A表示显性基因，a表示隐性基因，那么，AA，Aa的组合决定外在表现型为显性性状，aa的组合决定外在表现型为隐性性状。产生子代的过程中，亲代双方各一半的基因自由组合后传递给子代，决定子代的性状。黄色豌豆与绿色豌豆的遗传演示如下图。

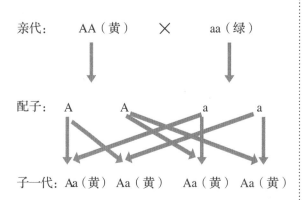

亲代：　　AA（黄）　　×　　aa（绿）

配子：A　　A　　　　a　　a

子一代：Aa（黄）　Aa（黄）　Aa（黄）　Aa（黄）

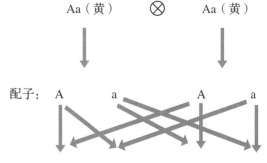

Aa（黄）　　⊗　　Aa（黄）

配子：A　　a　　　A　　a

子二代：AA（黄）　Aa（黄）　Aa（黄）　aa（绿）

黄色∶绿色＝3∶1

图中子二代的基因型是子一代配子携带的基因自由组合的结果，它表现了所有可能出现的基因组合，因此3个黄色豌豆与1个绿色豌豆代表的是比例，而不是具体数量。

模拟孟德尔豌豆杂交实验

1. 实验材料

四个纸箱，四个乒乓球，马克笔，记录表单。

2. 实验步骤

（1）一个纸箱上标记AA代表显性纯合亲本，另一个纸箱上标记aa代表隐性纯合亲本。

（2）两个乒乓球标记A代表显性纯合亲本的配子，放入AA的箱子；两个乒乓球标记a代表隐性纯合亲本的配子，放入aa的箱子。

（3）从AA箱子中摸取一个球，再从aa箱子中摸取一个球，放在一起后，在表格中记录下两个球的字母组合，将球放回原来的箱子中。

（4）尽可能多地重复步骤（3），观察子一代的基因组合，判断对应的表现型是显性还是隐性。

表一　子一代基因组合表

	1	2	3	4	5	6	7	8	……
子一代基因型									

（5）两个纸箱上标记Aa代表显性杂合的子一代作为亲本。

（6）标有A和a的乒乓球各一个代表子一代的配子，放入其中的一个纸箱，另一个纸箱做相同操作。

（7）从Aa箱子中摸取一个球，在另一个Aa箱子中摸取另一个球，放在一起后，在表格中记录下两个球的字母组合，将球放回原来的箱子中。

（8）尽可能多地重复步骤（7），观察子二代的基因组合，判断对应的表现型是显性还是隐性。

表二　子二代基因组合表

	1	2	3	4	5	6	7	8	……
子二代基因型									

（9）根据表二的统计，计算显性和隐性性状的比例。

现代遗传学之父

孟德尔是一位既聪明又幸运的科学家，虽然他的家庭条件不好，但是凭借对生物学遗传规律的研究热情，细致认真的他揭开了遗传规律神秘的面纱。

最初他的实验材料不只是豌豆，还有其他的植物，但最终他选择了豌豆，因为豌豆是一种自花授粉的植物，自然条件下一般不会产生杂交品种，提高了人工杂交的可控性，为实验的成功奠定了基础。

另外，孟德尔不仅研究了豌豆的种子（子叶）颜色，还对豌豆种子的形状、种皮的颜色、茎的高度、豆荚的形状、豆荚的颜色等性状的遗传规律进行了研究。幸运的是，这些性状多受单基因控制，所以遗传规律基本一致，没有给研究造成很大困难。实验积累了大量的实验数据，孟德尔又非常巧妙地运用数学方法对豌豆子代不同性状个体数据进行统计分析，从而验证了自己的假设——存在遗传因子，并总结出了遗传定律。孟德尔豌豆实验开创了应用数学方法研究生物学问题的先河。

4. 解读基因密码

课程设计：邵航　张林

人类基因组含有约31.6亿个DNA碱基对，组成了23对46条染色体，其中包括22对常染色体和1对性染色体（男性：1条X染色体，1条Y染色体；女性：2条X染色体）。那么什么是碱基？碱基又是如何排列成碱基序列的？想知道答案就到中国科技馆二层"探索与发现"B厅"生命之秘"展区，在这里你将"解读基因密码"。

资源简介

1. 装置简介

展品"解读基因密码"位于中国科技馆二层"探索与发现"B厅"生命之秘"展区。展品分为两部分，主体部分是一个可以互动体验的DNA碱基配对装置，装置上方是一个可以播放视频的显示屏。

2. 操作方法

本展品互动体验的方式有教学模式和挑战模式两种。操作者可以选择其中任意一种进行体验。

3. 现象

参与教学模式时，任意挑选标有腺嘌呤（A）、胸腺嘧啶（T）、胞嘧啶（C）、鸟嘌呤（G）字样的积木块放入展品最下方的方格内，每放入一次，右侧的小屏幕上就会显示出与之对应的碱基代码（A与T配对、G与C配对），同时链条向上移动一格。

参与挑战模式时，右侧小屏幕从下方开始，逐个随机显示一个碱基代码，操作者找到与之对应的碱基代码的积木块放入传送链条相应的方格中。配对正确或错误，展品都会给出相应的提示。

装置上方的显示屏循环播放染色体的合成过程。

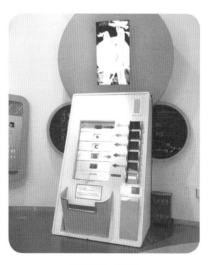

解读基因密码

1. 组成DNA的碱基有几种？

2. DNA分子中碱基互补配对的规律是什么？

分析解释

我们知道，生物体是由细胞组成的。在细胞核中有一种叫作染色体的结构，染色体由DNA和蛋白质组成。科学家通过一系列实验证实DNA是遗传物质。DNA（脱氧核糖核酸）是由多个脱氧核苷酸连接而成的长链，脱氧核苷酸是DNA的基本组成单位。每个脱氧核苷酸由三部分组成：一分子脱氧核糖、一分子磷酸和一分子含氮碱基。这三种分子通过脱水缩合形成脱氧核苷酸。组成DNA的碱基有四种，即腺嘌呤（A）、鸟嘌呤（G）、胞嘧啶（C）和胸腺嘧啶（T）。

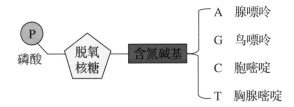

1953年，美国生物学家沃森和英国物理学家克里克建立了DNA双螺旋结构模型，揭示了DNA分子双螺旋结构的特点。DNA分子是由两条链组成的，这两条链盘旋成双螺旋结构，很像一个螺旋形的梯子，其中，脱氧核糖和磷酸交替连接，排列在外侧，构成梯子的扶手；两条链上的碱基通过氢键连接成碱基对，碱基排列在内侧，构成阶梯。碱基配对有一定的规律：A（腺嘌呤）一定与T（胸腺嘧啶）配对，G（鸟嘌呤）一定与C（胞嘧啶）配对。碱基之间的这种一一对应的关系，称为碱基互补配对原则。碱基互补配对是DNA分子双螺旋的基础，同时也为认识DNA复制及转录奠定了基础，是遗传物质得以稳定遗传的根本。

DNA分子含有许多具有遗传功能的片段，其中不同的片段含有不同的信息，分别控制不同的性状，这些片段就是基因。可以说，DNA是遗传信息的携带者，基因是包含遗传信息的DNA片段。由于一个DNA分子的外侧是由脱氧核糖和磷酸交替连接而成的，从头到尾没有变化，而内侧四种碱基的排列顺序有无数种，足以储存生物体必需的全部遗传信息。因此，遗传信息就蕴藏在四种碱基的排列顺序中。碱基不同的排列顺序构成了不同的基因，进而构成了丰富的遗传密码。

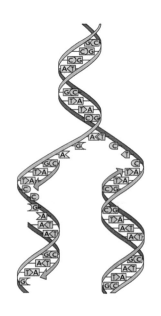

简化的DNA复制模式图
来源：维基百科

扫一扫二维码，登录中国数字科技馆，看看实验过程及现象。

做一做

1. 实验材料

彩纸片，剪刀，订书机，订书钉。

2. 实验步骤

（1）磷酸的制作：用圆形纸片表示。

（2）脱氧核糖的制作：用五边形纸片表示。

（3）碱基的制作：将四种不同颜色的彩纸剪成长方形碱基，即A、T、G和C。

（4）脱氧核苷酸的制作：使用订书机将磷酸、脱氧核糖、碱基连接起来，制作成一个个含有不同碱基的脱氧核糖核苷酸模型（如下图）。

（5）写下要制作的DNA的一条链的碱基序列，如ATTCGG，然后将制作好的脱氧核苷酸，用订书机串联起来（用订书机将相邻的磷酸和脱氧核糖订在一起），形成一条多核苷酸的单链。根据碱基互补配对原则，制作一条与这条链完全互补的脱氧核糖核苷酸单链。

（6）将两条单链平放在桌子上，把配对的碱基两两连接在一起（含氮碱基按照A与T、C与G配对的原则，订在一起），轻轻旋转即得到一个DNA分子双螺旋结构模型。

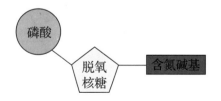

DNA复制依赖于碱基互补配对

生物体生殖和遗传的目的是保证一套完整的遗传信息可以代代相传，碱基互补配对是生物遗传稳定性的保证。

DNA复制指以亲代DNA为模板合成子代DNA的过程。复制开始时，DNA分子首先利用细胞提供的能量，在解旋酶的作用下，将两条螺旋的双链解开，这个过程叫作解旋。然后以解开的每一条母链为模板，以细胞中游离的4种脱氧核苷酸为原料，按照碱基互补配对原则，各自合成与母链互补的一条子链。随着模板链解旋过程的进行，新合成的子链也在不断地延伸。同时，每条新链与其对应的模板链盘旋成双螺旋结构。这样，复制结束后，一个DNA分子就形成了两个完全相同的DNA分子。

DNA分子独特的双螺旋结构，保证了DNA分子的稳定性，碱基互补配对，保证了复制能够准确地进行。

DNA分子通过复制，将遗传信息从亲代传递给子代，从而保证了遗传信息的连续性。

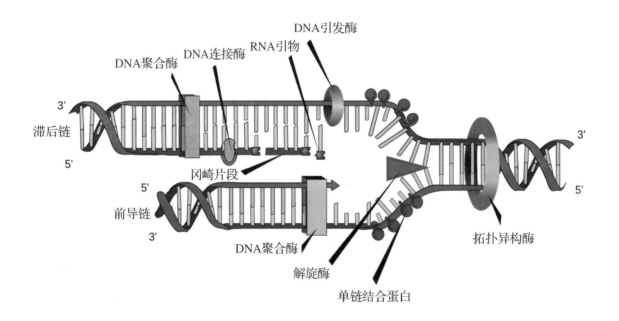

DNA分子的复制
来源：维基百科

5. 细胞工厂

课程设计：霍菲菲　李倩

探索发现

　　细胞是生命活动的基本单位。除病毒外，生物都是由细胞构成的，而病毒的生命活动也必须在细胞中才能进行。那么细胞的内部结构是怎样的？细胞各个组成部分的具体功能和作用又是什么？到中国科技馆二层"探索与发现"B厅探索一下吧，相信你一定会对细胞有进一步的认知。

资源简介

1. 装置简介

　　本展品是一个细胞屋模型。在细胞屋内，设置有可触摸的细胞器模型，观众可以真实地感受到细胞的结构组成。

2. 操作方法

　　走进细胞屋，了解细胞内的环境和结构组成。触摸细胞屋内的细胞器模型，了解各细胞器的形状，同时通过多媒体演示，了解细胞器的不同功能。

3. 现象

　　通过实体触摸和观看多媒体演示，使得细胞的细胞膜、细胞核、内质网、高尔基体、核糖体、线粒体、溶酶体及细胞骨架的形状和结构得以更清晰地展现。

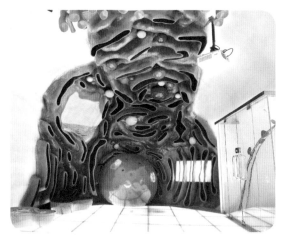

细胞工厂

1．为什么说细胞是生物体结构和功能的基本单位？

2．动、植物细胞结构存在哪些区别？

分析解释

除病毒外，生物都是由细胞构成的。细胞是构成生物体的基本单位。而病毒营专性寄生，必须在活细胞中才能进行生命活动。

动物细胞的基本结构包括：细胞膜、细胞质、细胞核及线粒体等。植物细胞的基本结构包括：细胞壁、细胞膜、细胞质、细胞核、线粒体及叶绿体等。那细胞的基本结构和功能是什么呢？

1．细胞壁是位于植物细胞最外面的结构，对细胞有保护和支持的作用。

2．细胞膜又称质膜，是由脂质双分子层和蛋白质构成的界膜（细胞的边界）。细胞膜将细胞内部与外部环境分割开来，使细胞内部拥有一个比较稳定的内部环境。细胞膜具有选择透过性，能控制物质进出细胞。同时，细胞膜在细胞内外环境之间的能量转换和信息传递过程中也发挥着决定性作用。

3．细胞膜以内、细胞核以外的部分被称为细胞质。细胞质中有很多细胞器。细胞质并非静止不动的，而是缓缓地流动着，这促进了细胞内物质的转运，也加强了细胞器之间的相互联系。细胞的生命活动越旺盛，细胞质流动越快；反之，则越慢。细胞死亡后，其细胞质的流动也就停止了。

4．细胞核含有控制细胞生命活动最主要的遗传物质，是细胞的信息中心和控制中心。细胞核控制着生物的遗传和发育，是最重要的细胞器之一。

5．内质网是由膜结构连接而成的膜系统，分为粗面内质网和光面内质网。粗面内质网膜的表面附着核糖体，参与蛋白质的合成与运输；光面内质网无核糖体附着，主要与脂质的合成有关。

6．高尔基体由许多扁平囊泡构成，与细胞分泌物的形成有关。本身没有合成蛋白质的功能，但可以对蛋白质进行加工和转运。植物细胞分裂时，其与细胞壁的形成有关。

7．核糖体是细胞内的一种核糖蛋白颗粒，有些附着在内质网膜的外表面，有些游离在细胞质基质中，是"生产蛋白质的机器"。

8．线粒体是一些线状、小杆状或颗粒状的具有双层膜结构的细胞器。与能量转换和代谢相关，细胞生命活动所需的能量，大约有95%来自线粒体。其是细胞进行有氧呼吸的主要场所，是细胞的"动力车间"。有氧呼吸公式：

$$氧气+有机物 \longrightarrow 二氧化碳+水+能量$$

能量大部分供生命活动使用，小部分以热能的形式散失。

9．叶绿体是绿色植物进行光合作用的细胞器，是植物细胞的"养料制造车间"和"能量转换站"（将光能转换为储存在有机物中的化学能）。

叶绿体光合作用公式：

$$二氧化碳+水 \xrightarrow[叶绿体]{光} 有机物+氧气$$

10．溶酶体是细胞内具有单层膜囊状结构的细胞器，其内含有多种水解酶类，能够分解很多物质，是细胞的"消化车间"。

11．细胞骨架主要由微丝、微管和中间纤维等构成，其不仅在维持细胞形态、承受外力、保持细胞内部结构有序性方面起重要作用，而且参与了细胞内许多重要的生命活动。

12．液泡主要存在于植物细胞中，其内有细胞液，细胞液中含糖类、无机盐、色素等物质。液泡有调节植物细胞的内环境的作用，充盈的液泡还可以使植物细胞保持坚挺。

13．中心体多见于动物和某些低等植物的细胞中，由两个互相垂直排列的中心粒及周围物质组成，与细胞的有丝分裂有关。

细胞是有机体生长与发育的基础，具有遗传的全能性和独立、有序的自控代谢体系，因此细胞是生物体功能的基本单位。

做一做

制作动物细胞模型

1．实验材料

彩泥，尺子，铅笔，橡皮，A4纸等。

2．实验步骤

（1）绘制草稿图

首先确定细胞的大小，再根据比例来确定各个细胞器的大小，及其在细胞内的位置、形状，最后在草稿纸上绘制细胞模型的平面图。

（2）制作细胞器

根据草图选择不同颜色的彩泥，捏成相应的细胞器。细胞核选择棕色彩泥，高尔基体选择紫色彩泥，内质网选择淡蓝色彩泥，核糖体选择红色彩泥，线粒体选择棕红色彩泥……

（3）组装细胞模型

捏出细胞膜，填入细胞质。将各个细胞器组合放入其中。整理修饰、晾干，一个细胞模型就制作完成了。

扫一扫二维码，登录中国数字科技馆，看看实验过程及现象。

细胞学说的创立

细胞（cells）是由英国科学家罗伯特·虎克于1665年发现的。当时他用自制的光学显微镜观察软木塞的薄切片，放大后看到了一格一格的小空间，并用英文单词cell命名。他将自己用显微镜观察的结果写成了《显微术》一书。虽然他观察到的细胞早已死亡，看到的仅是残存的植物细胞壁，并无生命迹象，但后世的科学家仍认为其功不可没，将他当作发现细胞的第一人。而历史上最先发现活细胞的，是荷兰生物学家列文虎克。

荷兰科学家列文虎克利用自制的显微镜对多种活细胞进行了观察。1677年他观察到了哺乳动物的精子，后来又陆续发现了红细胞和细菌等。他一生亲手磨制了400多个透镜，其中的一架显微镜现存于荷兰尤特莱克特大学博物馆，据测定，其放大倍数为270倍，分辨率为1.4微米。

之后，很多学者在观察细胞方面积累了丰富的材料，加之哲学思想在这时对自然科学的发展也起到了重要的推动作用。到19世纪30年代，德国植物学家施莱登和动物学家施旺共同创建了"细胞学说"。"细胞学说"的主要观点是：动物、植物都是由细胞构成的，细胞是生物体结构和功能的基本单位，细胞能够分裂产生新细胞。

6. 成长的因子

课程设计：张志坚　蔺增曦

人从婴儿长为成人，个体的大小、机体的很多器官都发生了显著的变化，究竟是什么在影响人的成长发育？答案就是激素。人体激素从哪里产生？对我们有怎样的影响？想了解这些，就让我们到中国科技馆二层"探索与发现"B厅去看看"成长的因子"这件展品吧！

资源简介

1. 装置简介

展品"成长的因子"位于中国科技馆二层"探索与发现"B厅"生命之秘"展区。

展品分为三部分。如右图所示，左侧依次展示婴儿、少年、成人时期的图画，图中绘有内分泌器官及内分泌组织，并介绍各个时期人体内发挥作用的激素及这些激素对机体的影响。右侧放置有一面图文板，主要介绍了胰岛素、昆虫生长激素和植物的生长激素。中间是一块玻璃板，其后方用LED灯带组成了一个抽象化的人体内分泌系统图。

玻璃板正前方设有操作台，上面安装有标记五种激素名称的按钮，分别为生长激素、性激素、肾上腺激素、甲状腺激素和松果体腺素。

2. 操作说明

操作者可以按下任意一个激素按钮，观察中间玻璃板中的人体内分泌系统图。

3. 现象

当操作者按下任意激素的按钮，中间玻璃板上会显示出人体内分泌系统图，图中会出现相应的红色区域，并不断从一点向外流动，代表激素在人体中的产生部位和传递方向。

成长的因子

1. 激素在人体内是如何传递的？

2. 激素如何实现对人体生命活动的调节？

3. 当激素分泌异常时，会对人体产生什么样的影响？

扫一扫二维码，登录中国数字科技馆，看看实验过程及现象。

分析解释

激素是人体内分泌腺分泌的一种微量、高效的化学物质，它在血液中含量极少，但对人体的新陈代谢、生长发育和生殖等生理活动，起着重要的调节作用。激素一旦从腺体释放到血液中，便会自动寻觅对应细胞的特殊结合位点，而能够对相应的激素起反应的细胞被称为靶细胞，细胞上对应的特殊结合位点被称为受体。

激素释放后可以直接进入毛细血管，经血液循环运送到远距离的靶细胞，如甲状腺激素。也有一些激素可以进入细胞外液，通过扩散到达邻近的靶细胞，如前列腺素。还有一些神经细胞（合成的激素）可以通过沿轴浆流动运送到所连接的组织，或从神经末梢释放入毛细血管，由血液运送至靶细胞（如下丘脑）。

激素对人体生命活动的调节是通过一种内部反馈机制来实现的，如负反馈调节。负反馈调节的结果是使受控部分的活动向与其原活动相反的状态改变，如血液中水平衡的调节。人感到口渴，是因为血液中水含量降低，下丘脑接收到了这个信号，便刺激垂体分泌抗利尿激素，抗利尿激素加速水的重吸收，减少水随尿液排出的量，血液中水含量信息不断反馈给下丘脑，进而调节抗利尿激素的释放量。当血液中水含量稍稍过量时，下丘脑便会停止刺激垂体释放抗利尿激素。

激素分泌异常时人会患一些疾病。幼年时生长激素分泌不足会患侏儒症，特点是生长迟缓，身材矮小，但一般智力正常。幼年时期生长激素分泌过量，则会过分生长，成年后，有的身高可达2.6米，这种病症称为巨人症。成人的生长激素分泌过多，会引发短骨的生长，造成手掌大、手指粗、鼻高、下颌前突等症状，称为肢端肥大症。幼年时甲状腺激素分泌不足会患呆小症，患者身材矮小，智力低下，生殖器官发育不全。成年时期甲状腺激素分泌过多就会患甲亢，患者食量大增而身体却日渐消瘦，易情绪激动，失眠健忘，心率和呼吸频率偏高。胰岛素分泌过多时，血糖下降迅速，脑组织受影响最大，可出现惊厥、昏迷症状，甚至引起发休克。相反，胰岛素分泌不足或胰岛素受体缺乏会导致血糖升高，严重时引发糖尿；同时，由于血液成分改变（含有过量的葡萄糖），进而导致高血压、冠心病和视网膜血管病等病症。

1. 认真阅读下面的药品说明，看看这种药品的功能、适用人群，根据所学知识分析此类药物是否有其他摄取方式？为什么？

2. 小调查：询问在医院内分泌科就诊的患者或身边的长辈，是否在使用激素类药物？如果有，根据药物的名称，查阅资料了解其功效及使用方法，进而推测他所患的疾病。

> 本品主要成分及其化学名称：双时相低精蛋白锌胰岛素。
>
> 性状：本品为白色或类白色的混悬液，震荡后应能均匀分散。在显微镜下观察，晶体呈棒状，且绝大多数晶体的大小应为1～20um。
>
> 适应症：用于治疗糖尿病。
>
> 本品可能引起低血糖等不良反应。对本品中活性成份或其他成份过敏者禁用。低血糖发作时禁用。具体用法用量、不良反应、注意事项、禁忌等详见说明书。
>
> 每毫升含有100国际单位人胰岛素及硫酸鱼精蛋白、氧化锌、甘油、磷酸氢二钠二水合物、间甲酚、苯酚、氢氧化钠、盐酸和注射用水。

阅读理解

激素的发现

20世纪前，学术界普遍认为，人和动物体的一切生理活动都是通过神经系统调节的。19世纪关于胰液分泌调节问题，学术界普遍认为是胃酸刺激小肠的神经，神经将兴奋传给胰腺，促使胰腺分泌胰液。

1901—1902年，法国学者沃泰默等进行了一个实验，他将实验狗体内一段小肠的神经全部切除，只保留血管。当其将稀盐酸溶液输入这段小肠后，仍能引起胰液分泌，但他仍然坚信这个反应为局部分泌反射。因为他认为，小肠的神经是难以被彻底清除的。

1902年1月，英国的两位科学家斯大林和贝利斯正在进行小肠的局部运动反射研究，他们看到了沃泰默发表的论文，对小肠和胰腺之间存在的顽固的局部反射产生了很大的兴趣，立即重复了实验，证实了沃泰默的实验结果。但斯大林和贝利斯勇于跳出"神经反射"这一传统理论，大胆地做出另一种假设：这种实验现象可能不是神经调节的结果，而是化学调节的结果，即在盐酸的作用下，小肠黏膜产生了一种化学物质，这种物质进入血液后，随着血液运到胰腺，引发胰液的分泌，这种化学物质被命名为促胰液素，这是生理学史上一个伟大的发现。1905年他们创造了英语"hormone"一词，即"激素"。促胰液素是历史上第一个被发现的激素，进而有了"激素调节"这一新概念，以及通过血液循环传递激素的"内分泌"方式，从而建立了"内分泌学"这一新领域。

查尔斯在1880年研究植物向性运动时，发现植物幼嫩的尖端受单侧光照射后会引起茎的弯曲。1928年荷兰生物学家温特从燕麦胚芽鞘尖端分离出一种具有生理活性的物质，称为生长素，它正是引起胚芽鞘伸长的物质。后经科学鉴定此物质为吲哚乙酸——植物生长素，这是科学家通过对植物向光现象的探究，发现的第一种植物激素。

7. 血液循环

课程设计：张志坚　程兆洁

探索发现

血液是人体的"生命之源"，血液循环可以将氧气和营养物质输送到全身各处，将机体产生的二氧化碳和代谢废物运送到排泄器官，排出体外，是体内各器官和组织进行正常生理活动的保障。那么血液在人体中是如何循环的？带着问题，让我们一起到中国科技馆"探索与发现"B厅"生命之秘"展区去探索吧！

资源简介

1. 装置简介

"血液循环"位于中国科技馆二层"探索与发现"B厅"生命之秘"展区。如右图所示，其由背景屏幕和平台两部分组成。

2. 操作说明

操作者背对屏幕站在平台上，听到提示后，观看屏幕。

3. 现象

屏幕中显示人体血液循环图，通过视频介绍了人体血液循环的两条路径——体循环和肺循环。

血液循环

1. 血液循环由哪两条路径构成？

2. 血液流经肺泡处的毛细血管时，血液中的成分发生了什么变化？

分析解释

心脏、血管和血液共同构成了人类的血液循环系统。在这个循环中，血液的流动方向是固定的。如果你是一滴血，从血液循环路线的任何一点出发，最终还会回到起始位置，整个过程不到一分钟。

血液流过全身的整个路线有点像阿拉伯数字"8"，整个循环系统由两条循环路线构成，心脏在两个环线的正中间。第一条环线称为肺循环，血液从心脏出发流入肺部，然后又回到心脏；第二条环线称为体循环，血液从心脏流出，流经全身，然后又流回心脏。当血液流经身体各组织细胞周围的毛细血管网时，会由含氧丰富、颜色鲜红的动脉血变成含氧量较少、颜色暗红的静脉血；当流经肺部毛细血管网时，会由含氧量较少、颜色暗红的静脉血变成含氧丰富、颜色鲜红的动脉血。这样就形成了一个完整的血液循环。

做一做

模拟心脏的工作

1. 实验材料

3升以上的塑料容器2个，60毫升的塑料水杯1个。

2. 实验步骤

（1）在桌子上并排放置两个大容器，在其中一个容器内倒入2.5升水，以此代表心脏在30秒内输送的血液量。

（2）用60毫升的水杯迅速地将大容器中的水舀到另一只空的容器里，速度要尽可能地快（但小心不要让水溢出）。计时30秒，数一数30秒内你一共来回舀了几次。

（3）由所得结果推测出1分钟可以运送水的次数。

📶 扫一扫二维码，登录中国数字科技馆，看看实验过程及现象。

2000多年前，我国的医学名著《黄帝内经》中就有"诸血皆归于心""经脉流行不止，换周不休"等记载，由此说明我国对血液循环从很早就已有了一定的认识。

公元2世纪，罗马医生盖仑在解剖动物时，发现动物的动脉中充满了血液。他因此推测人体心室中隔上有小孔，右心室的血液可由小孔进入左心室，血液由肝脏合成，与"生命灵气"混合后，在血管中潮涨潮落般地往复运动，创造了奇妙的生命现象。他的这种"生命灵气"的说法符合宗教的教义，因而被教会所推崇。

17世纪，英国医生哈维在前人研究的基础上，做了大量离体心脏的实验研究，在此基础上提出了血液在体内是循环流动的说法。首先，他通过实验发现，如果心室容纳的血液为56.8克，心脏每分钟泵血72次，则一小时由心脏泵出的血液应为245.4千克，这相当于人体重的3~4倍，这么大的血量绝不可能是同一时间内由消化道吸收的营养物质生成的，也不可能是同一时间内静脉能储存的，由此他断定血液在体内必定是循环的。进而，他用捆扎手臂的实验证明，血液是从心脏经动脉流到静脉再流回心脏的。此外，他通过解剖实验和活体观察，发现动物心脏就像水泵，收缩时把血液压出来，舒张时又充满血液，提出血液循环的动力源于心脏的机械作用。

虽然哈维发现了血液循环，但限于当时的条件，他并不清楚血液是怎样由动脉流到静脉的。1661年，意大利解剖学家马尔比基将经过改进的显微镜用在解剖学研究中，结果发现了毛细血管。随后，列文虎克又证实了毛细血管连接着动脉和静脉，从而使血液循环的理论得到了进一步完善。

8. 神经系统与讯号

课程设计：杜心宁　刘艳娜

大家都知道我们有很多种感觉，如触觉、视觉、听觉、味觉和嗅觉，我们可以感到内心的快乐或悲伤，也可以第一时间对外界的刺激做出反应。想知道这些是如何产生的吗？我们可不可以自如地控制这些感觉？中国科技馆二层"探索与发现"B厅的"生命之秘"展区有你要的答案！

我们的大脑时刻都在接收各种来自身体内部和外部的信息，并对这些信息做出反应。所有的信息都是通过特定的路径——神经系统输入和输出的。

展品由神经细胞模型、神经系统展板和互动游戏三部分组成，介绍了包括神经细胞结构和神经系统构造的相关知识；同时，通过互动游戏更直观地展示了神经传导的过程。

神经细胞结构与神经系统构造

通过神经细胞结构模型和展板的详细介绍，充分展示了神经细胞结构与神经系统构造的相关知识。

神经细胞结构与神经系统构造

神经系统与讯号

1. 装置简介

由显示器和鲨鱼嘴两部分组成。

2. 操作方法

观看屏幕提示，根据提示扳开鲨鱼嘴，随机按压鲨鱼嘴中的牙齿。当按下某一颗牙齿时，鱼嘴闭合，鱼嘴闭合期间，操作者需及时缩回手，此时屏幕会对相关内容进行介绍。

3. 现象

通过正确操作观看屏幕，介绍在整个操作中人的神经系统是如何发挥作用的。

神经系统与讯号

观察思考

1. 观察神经细胞，分析其与其他细胞在形态上有什么不同？

2. 神经系统的组成是什么？

分析解释

神经细胞，又称神经元，是构成神经系统结构和功能的基本单位，神经元由细胞体和细胞突起构成，细胞的突起是细胞体的延伸，由于其形态结构和功能的差异，分为树突和轴突。树突是接受从其他神经元传入的信息的入口。轴突为神经元的输出通道，作用是将细胞体发出的神经冲动传递给另一个神经元或效应器。有些神经元的轴突被髓鞘包围，髓鞘具有绝缘和保护轴突的作用。所以与其他细胞相比，神经元的特点是具有突起。

神经系统分为中枢神经系统和周围神经系统。中枢神经系统是身体的控制中心，包括脑和脊髓。脑中负责接收和处理信息的区域主要有三个，分别为大脑、小脑和脑干。大脑，是脑中最大的部分，能分析感官接收的信息，控制骨骼肌的运动，执行各种复杂的思维过程。小脑，能够协调机体运动，维持身体平衡。脑干，位于小脑和脊髓之间，可以控制人体的自发行为，如调节呼吸及心跳。周围神经系统是由中枢神经系统延伸出来的神经网络组成的，与身体的各部分相联系，包括脑神经和脊神经。

测一测你的反应时间

1. 实验材料

    尺子。

2. 实验步骤

    （1）让甲同学拿着尺子，保证零刻度朝下。

    （2）甲同学把尺子放在乙同学大拇指与食指中间，且保证零刻度线与乙同学手指在同一水平线上，准备好抓尺子。

    （3）甲同学在不给任何提示的情况下释放尺子，这时乙同学需以最快的速度用拇指和食指捏住尺子，并记录所捏住位置的刻度，这一距离与反应时间呈正比。

    （4）测试两位同学在一天中不同时间的反应时间，绘制记录表进行分析，并得出结论。

扫一扫二维码，登录中国数字科技馆，看看实验过程及现象。

阅读理解

神经系统的进化

在整个动物界中，神经系统表现出了明显进化的趋势。最早出现的神经系统是腔肠动物的网状神经系统，其中水螅的神经系统最为简单，其细胞的突起相互连接，形成了一个遍布全身的神经网，且神经网无系统划分。涡虫的神经系统表现出了进化中最初的集中。虽然其还保留着网状的特性，但很多神经细胞已经开始集中，形成了身体腹面的两条神经索和头部的"脑"。当动物进化到环节动物和节肢动物时，便进化出了链状或神经节式神经系统。其特点是神经细胞集中成神经节，神经纤维聚集成束，形成神经。更高等的脊椎动物的神经系统进化水平更高，神经细胞高度集中，在形态上和低等动物出现了明显差别。脊椎动物没有了像环节动物和节肢动物的那种腹神经索样的中枢神经系统，而是进化成了由脑和位于身体背面的脊髓组成的中枢神经系统，同时从脑发出的脑神经和从脊髓发出的脊神经还构成了周围神经系统。

涡虫

9. 受精过程

课程设计：杨楣奇　程兆洁

小的时候我们都有过这样一个疑问："我是从哪里来的？"其实，所有的生命体都是通过母体孕育而来的，那么生命孕育的过程是怎样的？我们最初在母体中是什么样子的？中国科技馆二层"探索与发现"B厅"生命之秘"展区为你揭晓答案。

资源简介

1. 装置简介

展品由7盏LED灯、显示屏、两个操作感应台组成。观众可以站在感应台前按照说明牌提示进行操作。

2. 操作方法

两名观众分别站在两个操作台前，将手悬浮在传感器上方，通过上下左右晃动，操控"精子"赛跑，看看谁能在这场生命的竞赛中取得胜利。

3. 现象

操作胜利一方的"精子"顺利进入显示屏上方的"卵细胞"内，随后显示屏两侧的LED灯依次亮起，为观众展示从受精到卵裂，到最后进入子宫孕育的过程。

受精过程

1. 精子和卵细胞在形态和大小上有什么不同？
2. 受精过程中，有几个精子可以与卵细胞结合？

分析解释

精子是雄性生殖细胞，由男性的生殖器官睾丸产生，卵细胞是雌性生殖细胞，由女性的生殖器官卵巢产生。精子比卵细胞的体型小很多，其中人类卵细胞的直径大约是精子的45倍。精子的圆形末端称为头部，另一端为尾部，此结构有助于精子自由运动。卵细胞体型较大，呈卵圆形，不能游动。

人体排卵后，卵细胞在接下来的几天里有机会受精。精子进入母体阴道后，游动到子宫，随后进入输卵管。最先到达的精子与卵细胞接触后，其头部会释放出一种酶，使卵细胞外部的结构产生裂隙，精子的细胞膜与卵细胞膜融合，精子的细胞核通过裂隙进入卵细胞中，并与细胞核融合，形成受精卵。当一个精子进入卵细胞后，卵细胞的细胞膜发生去电极反应，使得其他精子不能进入卵细胞。

同时，卵细胞释放一种物质，使其外的附属物质硬化，以阻止其他精子再进入，因此一般只有一个精子可以与卵细胞结合。

做一做

观察鸡蛋的结构

1. 实验材料

未受精的生鸡蛋1枚，熟鸡蛋1枚，放大镜，镊子，小碗。

2. 实验操作

（1）观察鸡蛋的外形，判断鸡蛋的钝端。

（2）用镊子敲开熟鸡蛋的钝端，观察鸡蛋的卵壳膜（紧贴着壳的膜）和气室。

（3）用放大镜观察卵壳表面的气孔。

（4）分别剥开熟鸡蛋和生鸡蛋，观察鸡蛋的卵白和卵黄，在胚胎的发育中，卵黄提供主要的营养物质，卵白可以提供部分营养和一定的水。

（5）观察卵黄表面中央有一盘状的小白点，称为胚盘，未受精的胚盘颜色浅且小，如果完成了受精过程，这将是小鸡胚胎发育的部位。

扫一扫二维码，登录中国数字科技馆，看看实验过程及现象。

阅读理解

一次怀孕分娩一个婴儿称为单胞胎，一次怀孕能分娩出一个以上的婴儿称为多胞胎。在我国，约90例新生儿里会出现1例双胞胎，而三胞胎、四胞胎以及数量更多的多胞胎的出现几率比双胞胎低很多。

双胞胎有同卵双生和异卵双生两种类型。同卵双生的双胞胎是由一个受精卵发育来的：在早期发育中，胚胎发育成两个相同的胚胎，这两个胚胎具有相同的遗传特性和性别。异卵双生是由于卵巢里同时释放出两个卵细胞，并且分别与两个不同的精子结合成两个受精卵，共同在母体中生长发育成两个完整的个体。异卵双生的双胞胎可能并不相像且具有不同的性别。

10. 胎儿发育

课程设计：杜心宁　杨楣奇　程兆洁

俗话说"怀胎十月，一朝分娩"，那么在这十个月的孕育周期里，胚胎在母亲体内是如何发育的？自然界的其他动物又是如何孕育生命的？中国科技馆二层"探索与发现"B厅"生命之秘"展区"胎儿发育"这件展品会告诉你这些问题的答案。

资源简介

1. 装置简介

该展品位于一个长约3米、宽1.2米的展台上，分为静态展示和动态操作两部分。静态展示位于展台北侧，以怀孕的母体形象为主。动态操作包含位于展台东侧的三个发声罩、展台西侧的胚胎发育转盘和展台北侧的多媒体显示屏三部分。

2. 操作方法

观众可以站到发声罩下体验胎儿在母体中听到的声音，也可以转动胚胎发育转盘，观察胎儿在不同孕周时的发育情况，还可以在展台北侧通过点击多媒体显示屏，观看不同动物的孕育过程。

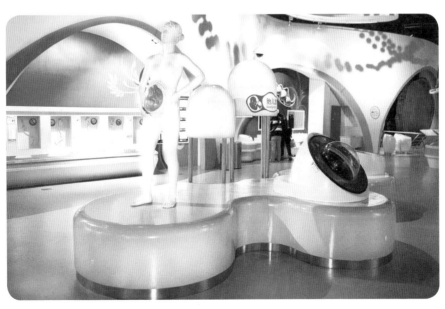

胎儿发育

分析解释

　　人和大部分哺乳动物的胚胎发育方式相同，都是在母体的子宫中完成初期的生长发育的，胚胎发育所需要的营养物质由母体通过胎盘供给，直至胎儿出生，这种胚胎发育的方式称为胎生。鸟类的胚胎在母体外通过孵化的方式发育成新的个体，胚胎发育所需的营养物质由受精卵中的卵黄供给，胚胎发育完成后，幼体破卵膜或卵壳而出。这种胚胎发育的方式称为卵生。

　　一个新的生命体开始于一个细胞，这个细胞被称为受精卵，是由两个不同的细胞——精子和卵细胞结合而成的。卵细胞是雌性生殖细胞，精子是雄性生殖细胞，这两个细胞通过受精过程融合在一起形成受精卵。人体内数以亿计的细胞都是由受精卵分裂分化而来的。

　　受精卵的大小比笔尖还要小。受精卵自形成起经过了一系列的分裂分化过程，最终发育成一个新生儿。受精卵在从输卵管移入子宫的过程中开始细胞分裂，经过不断地分裂形成了多细胞的早期胚胎，早期胚胎移入子宫内膜后继续分裂分化，发育成各种器官和系统。胚胎发育过程中所需要的氧和营养物质可以通过胎盘从母体获得，其产生的代谢废物也可以通过胎盘由母体排出。人类从受精卵开始，一般要经过约280天，胎儿才能发育成熟，从母体中分娩出来。

📶 扫一扫二维码，登录中国数字科技馆，看看实验过程及现象。

测量胎儿的体重

1. 实验器材

   称量秤。

2. 实验步骤

   下表列出了正在发育的胎儿在不同月份的平均体重。

不同月份胎儿体重统计表

孕育时间（月）	1	2	3	4	5	6	7	8	9
平均体重（克）	0.02	2.0	26	150	460	640	1500	2300	3200

（1）根据表中列出的各月胎儿的体重，寻找一样日常用品，使它的重量恰好与对应月份胎儿的体重相等。

（2）根据孕期时间按顺序排列这些物品。

阅读理解

　　动物通过不同的受精方式形成受精卵，受精卵在适宜的条件下开始胚胎发育。动物的胚胎发育类型主要有三种类型：胎生、卵生、卵胎生。

　　卵生，是动物受精卵在母体外孵化发育成为新个体的一种胚胎发育方式。胚胎发育所需要的营养物质主要由受精卵中的卵黄供给，胚胎发育完成后，幼体破卵膜或卵壳而出。大部分的鸟类、爬行类、鱼类和昆虫都是卵生动物。

　　人和绝大部分哺乳动物的胚胎发育是在母体的子宫内进行的。胚胎发育所需要的营养物质通过胎盘由母体供给，直至胎儿出生，这种胚胎发育的方式称为胎生。哺乳类动物中鸭嘴兽、针鼹是卵生，其他几乎都是胎生。胎生类动物，例如人类，在母体中发育成独立的完整个体后才会与母体分离，这类胚胎发育方式有效地保证了下一代的存活率。

　　卵胎生是一种介于卵生和胎生之间的胚胎发育方式，指动物的卵在母体内发育成新个体后才产出母体。其发育时所需的营养，仍主要依靠卵自身所贮存的卵黄，与母体没有物质交换关系，或只在胚胎发育的后期才与母体进行气体和少量的营养交换，如蝮蛇、海蛇、胎生蜥蜴、铜蜓蜥、鲨、螃蟹和大肚鱼等均为卵胎生动物。此外，分布在我国青藏高原地区的某些蜥蜴，在高寒的环境下也是卵胎生，这是动物长期适应环境的结果。

11. 寻找同源器官

课程设计：邵航 李倩

探索发现

你知道哺乳动物的肺和鱼类的鳔之间是什么关系吗？你知道松树的针叶、梧桐的阔叶、仙人掌的刺存在什么联系吗？想知道这些问题的答案，就到中国科技馆二层"探索与发现"B厅"生命之秘"展区，亲自来寻找"同源器官"吧。

资源简介

1. 装置简介

展品"同源器官"位于中国科技馆二层"探索与发现"B厅"生命之秘"展区。展品分为两部分，一部分是位于左侧的"骨骼拼装"，另一部分是位于右侧的"植物连连看"。

2. 操作方法

"骨骼拼装"由6部分组成，从左到右依次为海豚、鸟、蜥蜴、马、青蛙和人的骨骼模型，操作者需要从展品下方的凹槽中随意选择骨骼模型拼装在相应的位置。

"植物连连看"包含8组、16种植物标本，操作者需要找出与显示名称的植物同源的植物，通过触碰相应玻璃柜右下角的金属圆点进行确认。

3. 现象

"植物连连看"部分若操作者选择正确，便会显示出匹配正确的同源植物的名称。

同源器官

分析解释

同源器官通常指起源相同，结构和部位相似，而形态和功能不同的器官。这里的同源有两个基本含义：一是系统起源相同，即在生物进化史中其由共同的祖先的原始器官演化而来；二是胚胎起源相同，即从胚胎学的角度看其由相同的胚胎原基发育而来。

脊椎动物的前肢如鸟的翅膀、蝙蝠的翼手、鲸的胸鳍、狗的前肢以及人的上肢，虽然具有不同的外形，功能也不尽相同，但具有相同的基本结构，内部骨骼都是由肱骨、前臂骨（桡骨、尺骨）、腕骨、掌骨和指骨组成的，其各部分骨块和动物身体的相对位置相同。从胚胎发育上来讲，其均由相同的胚胎原基以相似的过程发育而来。这些一致性证明，这些动物是由共同的祖先进化来的，但是为能在不同的环境中生活，其向着不同的方向进化发展，以满足不同的功能需求，最终使相应器官产生了表面形态上的分歧。其中，陆生脊椎动物的肺和鱼鳔，鸟的羽毛与爬行类动物的鳞片均属于同源器官。

植物在漫长的进化过程中，为适应千差万别的环境，其根、茎、叶、花等部位也进化出了各自的同源器官，如松树的针叶、梧桐的阔叶、仙人掌的刺都是植物的叶；萝卜、红薯都是根；马铃薯、芋、姜都是茎。这些都为植物的同源器官。

通过同源器官的研究，我们清楚地看到，凡是具有同源器官的生物都具有共同的原始祖先，这就为生物的进化提供了有力的证据，也为动物分类学中研究各种动物间的亲缘关系，以及生物进化的途径和规律的揭示提供了重要线索。

做一做

1. 实验材料

紫薯，白萝卜，胡萝卜。

2. 实验步骤

（1）通过观察和资料搜索，比较上述三种材料在外形、功能、起源方面的异同点，并填入表中。

实验材料对比表

材料 项目	紫薯	白萝卜	胡萝卜
外形			
功能			
起源			

（2）通过比较判断它们是否为同源器官，写出你的理由。

扫一扫二维码，登录中国数字科技馆，看看实验过程及现象。

同源器官的研究与发展

早期，希腊学者亚里士多德根据动物躯体构造的差异对动物进行了分类，他被认为是动物比较解剖学的先驱。许多年以后，法国解剖学家裴隆在解剖了200多种鸟后，于1555年在巴黎发表了《鸟类史述》，首次将人体骨骼与鸟的骨骼进行了对比，因此他被认为是第一个真正意义上的比较解剖学研究者。

1623年，英国的培根爵士第一次提出了比较解剖学这一名词，但他仅是对同一物种甚至是同一个体内不同部分的比较，与现代比较解剖学的意义存在较大差异。以现代意义来做比较解剖学研究的是帅佛令诺，他于1645年发表的《狄莫克利氏动物解剖学》中记述了鱼、鸟、兽等动物的体形解剖，并配有这些动物的内脏木刻粗图，图解虽然简陋，但却真正进入了脊椎动物比较解剖学领域。法国生物学家居维叶在比较研究了不同类群动物的结构后，提出了"器官相关定律"，又根据自己的解剖工作，按神经系统的类型将动物分为脊椎动物、软体动物、分节动物和放射动物四大类，并于1800—1805年发表了《比较解剖学讲义》，为比较解剖学这门学科奠定了基础。他被称为比较解剖学之父。

与居维叶同时代的另一位法国生物学家圣提·雷尔通过对脊椎动物多方面的研究，特别是对脊椎动物解剖构造的研究，先后提出了"部分相关原则"和"器官相似原则"。他所说的相似即为Analogy，现在也有同功之意，现代术语为同源。把同功和同源两词清楚区分开的是居维叶的学生英国学者奥温，在他1866年所著的《脊椎动物比较解剖学与生理》一书的序言中提出"Analogy"（希腊文原意为相似）与"Homology"（同源性）才是同一，依圣提·雷尔的词义应为"Homology"而非"Analogy"。因而，奥温是第一个正确使用同源器官这一概念的生物学家。综上所述，同源器官这一概念是在研究和比较了各类动物，特别是脊椎动物的解剖构造的基础上提出的，它是比较解剖学中最重要的概念之一。

达尔文的生物进化论认为，凡是具有同源器官的生物都具有共同的原始祖先，同源器官在形态和功能上的不同，是自然选择的结果。生物共同的原始祖先由于生活环境的改变以及在过度繁殖过程中产生变异后代，使具有有利变异的个体在生存斗争中存活了下来。例如陆生动物或适于奔跑，或适于躲藏，或适于飞翔，或利用外壳保护自己，这些有利的变异最初可能是很微小的，但这种微小的变异经过逐代的自然选择而逐代积累，经过极其漫长的时间，起源相同的器官在不同的环境条件下形成了形态和功能上的差异，以适应不同的环境条件。因此，同源器官尽管形态和功能不同，但都是适应环境的结果。

12. 种子概览

课程设计：李光明　伍凯　刘天旭

探索发现

种子与人类生活关系密切，日常生活所必需的粮、油、棉都源自种子。此外，有些种子还可以入药、用作调味品、制作饮料等，如杏仁、胡椒、可可等。

你都见过哪些不同类型的种子？你知道种子内部结构是什么样的吗？你知道种子在我们的生活中还有哪些常见的用处吗？来中国科技馆三层"科技与生活"A厅，参观"种子概览"这件展品，你就可以知道这些问题的答案了！

资源简介

1. 装置简介

展品"种子概览"位于中国科技馆主展厅三层"科技与生活"A厅的"衣食之本"展区。

此展品由两部分组成。第一部分是互动体验，你可以通过打开水稻、玉米和花生的种子模型，观察其内部结构并聆听自动语音介绍相应的种子知识。第二部分是图文展板和静态模型，通过阅读展板和观察模型，可以了解几十种常见农作物的种子，同时进一步了解水稻、玉米和花生的种子在日常生活中的应用。

种子概览

2. 操作说明

打开种子模型，观察种子内部结构的同时，会触发展品的语音自动播放。

3. 现象

种子模型展示了种子内部的具体结构，同时可以聆听介绍种子的音频。观察图文展板和静态模型，认识几十种常见农作物的种子，进一步了解不同种子在生活中的用途。

种子概览

扫一扫二维码，登录中国数字科技馆，看看实验过程及现象。

观察思考

1. 观察花生、水稻、玉米种子的结构，说说它们有哪些共同点？

2. 观察展品中作物的种子，指出这些植物种子的主要营养成分是什么？

3. 植物为何要在种子中储藏这么多的营养物质？这对它的生长繁殖有何意义？

分析解释

花生、水稻、玉米种子结构的共同点是都有种皮和胚，不同点主要是花生种子里面没有胚乳，有两片体积较大的子叶，而水稻和玉米种子中有体积较大的胚乳，有一片较小的子叶。出现这种差别的原因在于花生属于双子叶植物，双子叶植物的种子在发育过程中，胚乳中的营养物质逐渐被胚吸收，储藏于子叶当中；水稻和玉米属于单子叶植物，单子叶植物种子在发育过程中，胚乳一直是营养储藏的主要部位，因此体积较大。

我们的主食中，水稻、小麦和玉米为单子叶植物，我们食用的主要是种子中的胚乳，其主要的营养成分是淀粉；而花生、大豆、油菜等油料作物，属于双子叶植物，我们主要食用的是它们子叶中储藏的脂肪。

植物种子中储藏着大量的淀粉或脂肪等有机物，是为了保证种子萌发过程中的营养需求。因为种子在萌发过程中，没有绿色叶片，无法进行光合作用制造营养物质，只能依靠种子自身储藏的淀粉或脂肪的分解来为种子萌发提供物质和能量。

实验一：观察不同作物种子的萌发

1. 实验材料

　　花生、水稻、玉米的种子若干，培养皿（碗），滤纸（卫生纸），清水。

2. 实验步骤

　　（1）取三个培养皿（也可用碗代替），培养皿中铺上两层滤纸（也可用卫生纸代替），将滤纸用清水浸湿，每个皿中的滤纸上分别放上十几粒花生、水稻和玉米的种子。

　　（2）将三个培养皿放置在温暖的通风处，每天给培养皿补充适量的水，保持滤纸的湿润。

　　（3）数天后，观察三种作物种子的萌发情况，重点观察它们的子叶有何不同。

实验二：解剖植物种子

1. 实验材料

　　花生种子，玉米种子，解剖刀，放大镜等。

2. 实验步骤

解剖花生种子

（1）观察花生种子的外部形态。

（2）轻轻掰开花生的两片子叶，观察种子中胚的各部分结构。

解剖玉米种子

（1）观察玉米种子的外部形态。

（2）用解剖刀，对玉米种子进行纵切，观察种子中胚的各部分结构。

种子的形成

被子植物受精作用完成后，胚珠发育成种子。种子中的胚由受精卵（由花粉中的一个精子和胚珠中的卵细胞结合而成）发育而成，胚乳由受精极核（由花粉中的另一个精子和胚珠中的两个极核融合形成）发育而成，胚珠的珠被发育成种皮。

受精作用后，受精卵需经过一段时间的休眠期才开始细胞分裂。在休眠期，受精卵形成完整的细胞壁，并进一步建立细胞极性。受精卵第一次分裂是一次不等分裂，产生了两个大小和命运不同的子细胞。之后，这两个细胞分别进行分裂，一个发育成胚，另一个发育成胚柄。胚柄具有从胚珠等其他部分吸收营养并转运到胚的功能，还有合成激素的功能，其对早期胚的发育起着十分重要的作用。双子叶植物胚的形状最初为球形，达到一定体积后，由于两侧的细胞分裂较快，逐渐形成突起的子叶原基，胚的形状逐渐变成了心形、鱼雷形，最后形成具有胚根、胚芽、胚轴和子叶的成熟胚。单子叶植物的胚由于只由一片子叶原基发育而来，因此没有心形胚和鱼雷胚的阶段，当子叶原基出现时，整个胚胎呈棒状。

极核受精后，不经过休眠就开始分裂和发育，因此胚乳的发育常早于胚。胚乳在分裂过程中，多会生成很多无细胞壁的游离核，当游离核达到一定数量时，各核之间才出现细胞壁，形成胚乳细胞。有的植物的受精极核在分裂过程中自始至终都生成细胞壁，如某些合瓣花植物；还有些植物的胚乳发育方式介于二者之间。

由于胚乳是由一个精子和两个极核融合之后发育而来的，所以大多数胚乳细胞和游离核都是三倍体。

有的种子在胚发育的中、后期胚乳组织解体消失，其细胞内的营养物质转运到胚中，最后发育成无胚乳种子，如双子叶植物。

13. 土壤与作物

课程设计：刘伟霞　周超义

探索发现

作物的根会从土壤中吸取营养物质，那么土壤可以为作物提供哪些营养物质呢？这些营养物质过多或者过少会给作物带来什么影响呢？如果你有机会到中国科技馆三层"科技与生活"A厅"衣食之本"展区参观"土壤与作物"这件展品，你就能找到答案了。

资源简介

1. 装置简介

该展品由三组相同的屏幕显示器和操作台构成，可以供三个人同时参与互动。显示器中主体是一棵植物，在左下角显示水、氮、磷、钾这四种营养物质及其对应的含量；操作台上有四个触摸按钮，对应着显示器中的四种营养物质，分别为浇水、氮肥、磷肥、钾肥。

2. 操作方法

（1）按下按钮，模拟给作物浇水，施加氮肥、磷肥、钾肥，调节每种营养物质的含量，改变土壤的营养成分结构。

（2）观察在不同的土壤成分结构下，植物的生长状况。

3. 现象

显示器中的植物会根据土壤中各种营养成分的含量，模拟出植物相应的生长状态。

土壤与作物

1. 通过操作按钮，观察马铃薯和大豆的需水量，了解栽培这些作物的过程中要考虑哪些因素？

2. 通过操作按钮，模拟浇水、施肥过程，思考植物是如何吸收这些营养物质的？

分析解释

常见的土壤主要由颗粒状的矿物质、腐殖质（有机物）、水、空气等组成，土壤中还生活着很多微生物和一些小动物。栽培用土具有一定的保水性、透气性，当多雨或浇水过量时，能够及时排水，以保证植物更好地生长。根据土壤中矿物质颗粒的大小可以将土壤分为黏土、壤土和砂土。其中，黏土颗粒物的体积最小，保水性好，但不易排水；砂土颗粒物的体积最大，易于排水，但保水性差；壤土颗粒物的体积介于黏土和砂土之间，保水和排水性能适中。不同植物所适宜生长的土壤不同，比如马铃薯适于在砂质土中生长，大豆在壤土中长得好。

马铃薯等作物在生长过程中除了需要水，还需要无机盐等多种营养物质。当土壤中缺少某种营养物质时，植物会表现出一定的症状，如马铃薯生长缺少氮元素时，叶片呈均匀的淡绿色，严重时叶片上卷呈杯状，这种症状称为植物的缺素症，需要及时施加对应的肥料才能恢复正常的生长状态。

在自然界，生态系统的物质是循环的，野生植物能适应当地土壤的营养结构，不需要人为施肥。但是，农田中的作物由于多次重复性种植，物质循环出现中断，这就需要人为施肥，补充营养物质，人工施加的营养物质主要是无机盐，也就是我们常说的化肥。给农田的土壤施肥时，需要注意不可一次施肥过多，否则会使土壤中溶液的渗透压升高，当其高于植物根内渗透压时，植物会因为失水过多而死亡。

📶 扫一扫二维码，登录中国数字科技馆，看看实验过程及现象。

配置多肉植物"桃美人"生长的土壤

1．实验植物

桃美人：肉质景天科植物，喜温暖、干燥、光照充足的环境，耐旱，喜疏松、排水性好的土壤。

2．实验材料

报纸，园土，木屑（或类似物），草木灰，花盆。

3．实验步骤

（1）在地面上铺数张报纸，将园土、木屑、草木灰按2：1：1的比例混合均匀。

（2）将所配土壤倒入花盆，盛入土量为花盆体积的2/3为宜。

（3）将植物栽入花盆中，并在周围添适量的土，以保证植物的根不外露。

（4）第一次浇水要浇透（足量水），后续减少所浇水量。

阅读理解

土壤营养对植物的影响

土壤含水量的多少会影响植物的生长和分布，如科技馆外的河道内或其他湿地区域长有芦苇等喜湿植物，干旱区域生长有菊花、地黄等。这反映出不同植物在生长过程中对水的需求量存在差异，即使是同一植物，其不同生长阶段对水的需求也不同，如水稻整个生命周期的大部分时间需要水淹没土壤，但是在开花期，需要排干水，露出土壤一段时间（土壤处于水饱和状态）。

土壤中含有能溶于水的无机盐，并且植物或小动物的遗体被微生物分解后也会释放出溶于水的无机盐，这些无机盐是植物生长所必需的营养物质。如果缺少了某种必需的无机盐，植物就会表现出某种症状。不同的植物在其生长过程中所需要的无机盐量也是存在差异的。如每收获1千克大葱其植株在生成发育中需吸收氮3.4克、磷1.8克、钾6克；每收获1千克番茄其植株在生长发育中需要吸收氮4.5克、磷5克、钾5克。

14. 种植区划

课程设计：刘伟霞 李光明 伍凯

探索发现

被子植物有六大器官：根、茎、叶、花、果实和种子。你是否近距离观察过植物的六大器官？我们食用不同农作物时，食用的又是该农作物的什么器官呢？想了解更多关于植物器官的知识，就一起到中国科技馆三层"科技与生活"A厅来体验"种植区划"这件展品吧！

资源简介

1. 装置简介

展品"种植区划"位于中国科技馆主展厅三层"科技与生活"A厅的"衣食之本"展区。

这件展品由两部分组成。第一部分为圆形展台，通过视频展示了水稻、茶树、土豆、棉花等20种植物在中国的地理分布；第二部分是11个圆柱形的静态模型辅以语音播放装置，分别展示了水稻、茶树、高粱、红薯、甘蔗、棉花、玉米、向日葵、谷子、小麦、大豆的植株的模型（从根部到茎叶）。

小麦

种植区划

棉花

甘蔗

红薯

2. 操作说明

圆形展台边缘散布着20个圆形按钮，分别对应20种农作物，观众可以选择想要了解的农作物，用手掌轻轻按压对应的按钮。

植物模型的圆柱外壁有一个金属扶手，扶手上有一个按钮，观众可以走到想要了解的农作物模型处，轻轻按下按钮。

3. 现象

当观众按下圆形展台边缘上的某种作物对应的按钮时，展台中部的中国地图就会闪动出该农作物在我国的种植区域，同时，展台的多媒体也会播放该作物的介绍视频。

当参与者观看立柱中的植物模型时，按下扶手上的按钮，柱子内部的语音播放装置就会播放该作物的介绍音频。

1. 观察常见农作物的分布区，思考为何我国会出现"南稻北麦"的分布格局？

2. 观察土豆和红薯的标本，思考土豆和红薯为什么会在地下长出膨大的结构？

分析解释

　　水稻是水生植物，喜湿，我国南方地区的气候较北方地区湿润，水资源相对充沛，有利于水稻的栽培和生长。同时，水稻属于短日照植物，在短日照刺激下才容易开花、结实，我国南方地区夏季日照长度比北方地区短，有利于刺激水稻及时甚至提前开花，缩短了营养生长期，将更多的营养输送到果实和种子中，使结出的稻子更饱满。此外，水稻比较喜温，我国南方的平均气温高于北方，也有利于水稻的生长和提前抽穗。

　　土豆和红薯都是多年生植物，它们通过叶片的光合作用制造营养物质，然后把大量的营养物质输送到地下部分储藏，使得地下部分不断膨大。到了冬天，土豆和红薯地上部分的茎和叶都枯死了，但是地下部分由于有土壤的保护，仍然保持着活性。第二年春天，土豆和红薯的地下部分会重新萌发出新芽，长出新的茎和叶，新芽萌发过程中所需的营养，主要来自地下部分所储藏的营养物质，因此，土豆和红薯需要在上一年把大量的营养物质储藏在地下部分。类似的还有萝卜、甜菜和莲藕等多年生或二年生植物。

观察土豆和红薯的发芽过程

1. 实验材料

　　土豆，红薯，塑料花盆，沙子，清水。

2. 实验步骤

　　（1）取4个塑料花盆，每个花盆中装入2/3的沙子，浇足量清水，使沙子湿透。

　　（2）取土豆和红薯各2个，分别放到4个花盆中的沙子上，将花盆放到温暖通风处。

　　（3）每天按时给各盆沙子补水，保持沙子湿润。

　　（4）数日后，观察土豆和红薯的发芽情况，观察土豆和红薯的幼苗有何不同。

扫一扫二维码，登录中国数字科技馆，看看实验过程及现象。

阅读理解

水稻、小麦造成的南北差异

水稻种植与小麦种植所采用的耕作体系迥然不同，其中作物的灌溉方式和劳动力投入差异最为明显。稻田需要持续供水，农民们需要相互合作建设灌溉系统，并协调各人的用水与耕作日程，因此稻农倾向于建立基于互惠的紧密联系来避免冲突。相比之下，小麦的种植较为简单。小麦基本不需精细灌溉，劳动任务轻，麦农可以不依靠他人自给自足。

因此，弗吉尼亚大学心理学系的托马斯·托尔汉姆与同事提出了"大米理论"，指出水稻种植的历史可能使文化更倾向于相互依赖，而小麦种植的历史则使文化变得更加独立。

为了检验"大米理论"的可行性，研究者在中国的北京、福建、广东、云南、四川和辽宁六个地区对1162名汉族大学生进行了调查。

研究者发现，来自种植水稻比例高的地区的学生，更容易进行关系性的配对，更倾向整体性思考。

研究者评估了被试（抽样调查研究对象）对待朋友和陌生人的区别程度，发现来自种植水稻比例高的地区的人更可能对朋友表现忠诚。至于对待陌生人的态度，两组被试差异不大。而在人均GDP基本一致情况下，研究者指出种植小麦比例高的地区的人比种植水稻比例高的地区的人创新能力强。

不过，"大米理论"还需要接受进一步检验。托尔汉姆希望可以从具有天然的水稻——小麦种植分界线的地区得到相似的文化差异调查结果。另一个问题在于，当种植区中的大部分人都不再耕作，那么由耕作方式引起的文化差异还能否持续？需要更多的时间来考证。

15. 根

课程设计：李光明 周超义

探索发现

根是陆生植物从土壤中吸收水分和无机盐的器官，也是对地上植物体起固定作用的器官。其中从根的顶端到根毛着生处这段，称为根尖，包括根冠、分生区、伸长区和根毛区4个部分。根尖是根中生命活动最旺盛的部分。根的伸长，主要是由根尖完成的。

想了解更多有关植物根的知识，请到中国科技馆三层"科技与生活"A厅来体验"根"这件展品吧。

资源简介

1. 装置简介

展品"根"位于中国科技馆主展厅三层"科技与生活"A厅的"衣食之本"展区。

这件展品由两部分组成。第一部分是互动体验，观众可以通过点击触摸屏，了解

根1

根2

关于根的结构、分类和功能的相关知识；第二部分是静态模型，通过观察在展厅悬挂的根造型的巨型雕塑，可进一步了解植物根的形态和特征。

2. 操作说明

点击触摸屏上的按钮，选择自己感兴趣的知识点。

3. 现象

了解根的结构、分类和功能，以及菌根和根瘤的相关知识。

1. 观察根尖的结构，思考根尖在植物生长过程中的作用。

2. 通过操作展品，举例说出根有哪些功能？

分析解释

植物的大部分根生长在土壤中，也有少部分暴露在空气中，土壤中的根是植物体吸收水和无机盐的主要器官，暴露在空气中的根主要是为了获取氧气进行呼吸，根还有很多其他的功能。依据根的功能不同，可以将根分为不同的类型。

根的不同区域有不同的功能，根尖是吸收水分和营养物质的主要部位，根尖以上的部位起到运输水、无机盐和固定植物体的作用。根尖是保证根不断的伸长、向土壤深处生长的部位，因为根尖的分生区属于分生组织，能够不断地增殖分裂，增加细胞数量的同时不断分化出更多的伸长区细胞和根冠区细胞。伸长区细胞的伸长生长也是根整体伸长生长的原因之一。而成熟区则是根吸收水分和无机盐的主要部位，这是因为成熟区细胞向外突起形成根毛，细胞内还具有较大的液泡，有利于物质的吸收。

根是结构较复杂植物的器官，对于结构简单的苔藓植物，它们的根是假根，仅起到附着固定植物体的作用，不能很好地吸收水分和无机盐。

不同环境中的植物，根存在着很大的差异，这是植物在生殖进化过程中适应环境的结果。

做一做

生活中与根有关的食物

1. 请写出生活中哪些食物是取自植物的根？

2. 上述根中是否存在物质运输的导管？能否设计实验证明？

根的观察

1. 实验材料

白萝卜，红墨水，解剖器（小刀），适量大小的杯子。

2. 实验步骤

将白萝卜的尖端倾斜约20度切下，浸泡在盛有红墨水的杯子中约30分钟，观察白萝卜的横切面和纵切面。

扫一扫二维码，登录中国数字科技馆，看看实验过程及现象。

根与根系

根是种子萌发时最先露出种皮的结构，由胚根发育而成。根在生长过程中，有的会出现分支，称为侧根，发出侧根的部分称为主根；而有的种子萌发出的根不分支（分支很少）。一株植物所有的根统称为根系，能明显区分出主根和侧根的根系称为主根系，没有明显主侧根之分的根系称为须根系。

根在生长过程中，能够对土壤中的水分、无机盐等营养做出反应，称为根的向水性和向肥性，也就是说，根会朝向水肥较多的方向生长，这是根适应环境的一种结果。

根的伸长生长是由根部细胞数量的增多和细胞的伸长共同作用的结果，由于细胞的体积是有限的，因此，根的伸长生长主要由细胞数量的增多引起的。根部细胞能够增多取决于根尖分生区的分生组织。

日常生活中见到的植物的根大多生长在土壤中，也有些植物的根会暴露在空气中，如榕树能够从地上茎长出很多根，并扎入土壤中，起支持作用；家里种植的绿萝，在浇水较多时，茎上的多数节会长出根，能够吸收氧气。

16. 农业科学家告诉你——杂交水稻

课程设计：王洪鹏　伍凯

　　杂交育种指不同种群、不同基因型个体间进行杂交，并在其杂交后代中选出育出具有高产和优良品性的纯合品种的方法。袁隆平是中国家喻户晓的杂交水稻育种专家。20世纪70年代，袁隆平凭借在杂交水稻方面的贡献闻名世界，被称为"杂交水稻之父"，荣获首届国家最高科学技术奖。

　　你想了解杂交水稻的育种历程吗？你想知道袁隆平对水稻发展有哪些重大贡献吗？让我们到中国科技馆"科技与生活"A厅的"健康之路"展区通过"农业科学家告诉你——杂交水稻"这件展品一探究竟吧。

　　在中国科技馆三层"科技与生活"展厅"健康之路"展区，你会看到"农业科学家告诉你——杂交水稻"这件展品，这件展品主要介绍了袁隆平与杂交稻的相关知识。

1. 装置简介

　　"农业科学家告诉你——杂交水稻"这件展品主要由视频介绍和水稻实物展示两部分组成。利用踏板，可以选择点播袁隆平与杂交水稻、李振声与小麦育种、郭三堆与抗虫棉、陈化兰与禽流感疫苗、傅廷栋与油菜育种这5个视频，从中了解这5位科学家及其取得的科技成果。

农业科学家告诉你——杂交水稻

2．操作方法

用脚踩踏地台上对应的踏板，就可以选择播放袁隆平与杂交稻的介绍内容。

3．现象

选择播放袁隆平与杂交稻对应内容的踏板后，屏幕上开始介绍袁隆平培育杂交水稻的历程。20世纪70年代，袁隆平和他的课题组成功培育出了杂交水稻，引发了中国大地上的一场"绿色革命"，使我们"喜看稻菽千重浪"，水稻亩[①]产从300千克提高到了800千克，并推广至2.3亿多亩农田。通过观看视频，了解袁隆平对于杂交水稻的研究工作执著与坚定，了解农业科学家对农业发展的巨大推进作用。

观察思考

1．观看视频，思考归纳杂交水稻是如何杂交出来的？

2．杂交水稻与普通水稻相比，有什么优点？为什么要选用这几种稻属植物培育杂交水稻？

扫一扫二维码，登录中国数字科技馆，看看实验过程及现象。

---

① 亩：中国市制土地面积单位。1亩约为666.67平方米。

分析解释

普通水稻的产量高，但是生命力差；野生稻的生命力强，但是产量低。科学家希望把这两种稻的优势集中在一起，于是就将这两种水稻进行了杂交，培育出了产量高、生命力强的杂交水稻（R）。但是，杂交水稻R的遗传物质来自两个亲本，它如果自交（自花授粉），后代会出现性状分离（有的只有父本的优势，有的只有母本的优势，有的继承了双亲的劣势）。

要想保证杂交水稻优势的稳定，必须人工授粉，然而人工授粉的前提需要先去掉母本的雄蕊，避免其自花授粉。但是水稻的花很小，去雄很麻烦，而且工作量大，不现实。面对这个问题，科学家希望找到一个自身雄蕊花粉不育的水稻品种。

功夫不负有心人，科学家在野外找到了一株花粉败育的品种（A），于是科学家让雄蕊不育稻A和杂交水稻R杂交（将R的花粉授给A），经过选育，得到杂交水稻D。这样就既解决了去雄的问题，又保证了杂交水稻的优势。

但是A只有一株，为满足需求，必须要繁殖得到大量的A。但是A因为花粉败育，无法自交产生后代。于是，科学家又找到了一个品种水稻B，B与A杂交，不仅能让A产生后代，而且后代还能保持A的雄性不育特点。

通过这三种稻的杂交，科学家就能源源不断地培育出产量高、生命力强的杂交水稻了。

体验植物杂交实验的基本操作

1. 实验材料

豌豆（带有花苞），解剖针，手术剪，毛笔，透明小塑料袋，橡皮筋。

2. 实验步骤

（1）去雄：在一株豌豆上选一朵未开的豌豆花，用解剖针剥开花冠，再用手术剪剪去其全部雄蕊。

（2）套袋：将去掉雄蕊的豌豆花套上透明小塑料袋，扎好橡皮筋。

（3）授粉：待去掉雄蕊的花开放后，解开塑料袋，用毛笔蘸取另一株豌豆上已开的花的花粉，将花粉涂抹到去雄花的柱头上，重新套好塑料袋并扎好橡皮筋。

3. 思考

水稻的杂交操作与豌豆的杂交操作是否一样？为什么？

植物的雄性不育

植物花粉败育的现象称为雄性不育。雄性不育在植物界较为普遍，已在多种植物中发现。高等植物的雄性不育是杂种优势得以保持的一条重要途径。

根据雄性不育遗传的机制，可以将其分为核不育型和质—核不育型。

核不育型指由细胞核内染色体基因决定的雄性不育类型。现有的核不育型多源自自然条件下发生的突变，在水稻、小麦、玉米、番茄等作物中均发现过。但总的来说，核不育现象比较少，且往往因为不能产生后代而被淘汰。仅有少数例外，它们能通过环境因素调节而恢复育性保存后代。遗传学实验证明，多数核不育类型都会受到核内一堆隐性基因的控制，只有当隐性基因纯合时才会表现出雄性不育，其不育性可被相对的显性基因所恢复。

质—核不育型指由细胞质和细胞核基因互作所控制的不育类型。不育植株表现出多种表现型异常，如花丝异常、花药不外露、花粉粒不饱满等。质—核不育类型的不育性是由细胞质不育基因（S）和相对应的核基因（r）共同决定的。只有当细胞质中有不育基因S，且细胞核内为一对隐性纯合不育基因rr，个体才能表现出雄性不育，即只有当细胞质和细胞核内的基因都为不育基因时，个体才不育。

质—核不育类型在农作物的杂种优势利用上具有重要的价值。目前，我国湖南、江西、广东等地大面积推广的杂交水稻，就是将植物雄性不育性用于制种以保持杂种优势的一个范例。

17. 骨骼的质量——魔幻摇摆

课程设计：高婷 周超义

探索发现

骨骼是人体重要的组成部分，健康的骨骼对于每个人都有着非凡的意义。然而不良的生活饮食习惯以及不正确的坐姿、站姿、走姿等都会影响骨骼的健康。常见的骨骼疾病有骨质疏松，那么骨质疏松的骨头有什么特点？什么样的姿态才能保护好我们的脊柱？带着这些问题，让我们到中国科技馆"科技与生活"A厅的"健康之路"展厅一探究竟吧！

资源简介

在中国科技馆三层"科技与生活"A厅"健康之路"展区，你会看到"骨骼的质量"和"魔幻摇摆"两件展品，一起来体验一下吧！

骨骼的质量（一）

1. 装置简介

该展品位于"健康之路"展区东侧，其外形为一根长骨，骨头模型上设置有4个观察镜。

2. 操作方法

通过观察镜观察长骨内部结构（高处观察镜供成人使用，低处观察镜供儿童使用）。

3. 现象

观察右侧可以看到放大后的正常骨骼，观察左侧会看到放大后骨质疏松的骨骼。

骨骼的质量（一）

骨骼的质量（二）

1. 装置简介

  该展品位于"健康之路"展区东侧，其外形为一根骨头。骨头模型上设置有健康骨骼和骨质疏松骨骼按钮，骨头模型中间为压力杆。

2. 操作方法

  选择健康骨骼或骨质疏松骨骼按钮按下，进入骨骼准备时间，当按钮指示灯亮后，按压骨头模型中间的压力杆。

3. 现象

  通过手部压力可以感受到正常骨骼和骨质疏松骨骼的强度差异。

骨骼的质量（二）

魔幻摇摆

1. 装置简介

  魔幻摇摆位于"健康之路"东侧，展品由一个座椅和一块玻璃屏两部分组成。

2. 操作方法

  坐在座椅上，左右摇摆身体。

3. 现象

  玻璃屏上的脊柱会随着身体的摇摆而变换形态，展示出不同姿势下脊柱的变化情况。

魔幻摇椅

1. 观察正常的长骨和骨质疏松的长骨，它们在内部结构上有什么不同？

2. 结合长骨的成分和脊椎骨的结构特点综合分析端正的坐姿和正确的站姿对人身体健康成长的重要性。

分析解释

人体的骨根据形态差异可分为长骨、短骨、扁骨和不规则骨等。展品"骨骼的质量"中的骨是长骨的一种，主要分布在人体的四肢中，起支撑和运动作用。展品"魔幻摇摆"中的脊柱由椎骨组成，椎骨是不规则骨的一种。

骨由有机物和无机物组成，其中有机物包含蛋白质等，无机物包含钙、磷等。这些物质构成骨细胞，骨细胞组成骨组织，即骨质，骨质和血管、血液、神经等一起构成骨器官。骨质疏松病症指骨组织的密度下降导致骨骼结构变化。缺少营养是导致骨质疏松的原因之一，如缺少蛋白质、维生素D和钙等。

骨和骨之间的连接方式多样，有的像手指上的关节一样灵活，有的像颅骨一样稳固，组成脊柱的椎骨之间以一种半活动方式连接，这种连接方式既能保证脊柱运动，又能很好地保护脊髓。

骨的分类和酸对骨的影响

1. 实验材料

鱼肋骨，鱼鳃骨，鸡翅或鸡爪。

2. 实验步骤

（1）拆解出鸡翅或鸡爪中所有类型的骨。

（2）按照骨的形态将骨进行分类，并拍照记录。

（3）将鱼肋骨浸泡在醋中，每5分钟感受并记录硬度（10个"+"表示开始的硬度），并拍照记录结果。

📶 扫一扫二维码，登录中国数字科技馆，看看实验过程及现象。

多样化饮食和运动有利于预防骨质疏松

骨质疏松症指单位体积内骨质含量降低，骨组织微细结构被破坏，骨骼脆性增大。膳食中营养要素(钙等)的缺乏、老年人胃肠功能减退、体育运动的缺乏等均是导致骨质疏松的重要原因。

膳食营养中缺少钙、磷等容易导致骨质疏松，维生素D的缺失也是造成骨质疏松的重要原因。维生素D，既可以从食物中获得，又可以通过晒太阳由人体自身合成。老年人由于多种原因导致维生素D内生合成减少，更加依赖食物来源以保持机体适当的维生素D水平。对于青少年，既要合理化饮食，保证维生素D的摄入量，又要适当晒太阳，增加自身维生素D的合成。

运动在骨质疏松症预防中起着非常重要的作用，经常有规律地进行运动可以强健骨骼。一些要承担身体重量的运动，如步行、跑步、打网球、健身操和重量训练等，对增加骨的强度十分有效。长期坚持运动的人群骨矿质含量较高，研究证明中等强度以上的运动与低强度运动相比可明显增加骨矿化。运动可以增加生长激素活性，进而促进成骨细胞活性。同时，户外运动时阳光照射有利于骨的健康，因而青少年体育运动人群身高平均值较同龄人高。

18. 敞开大门的躯体

课程设计：王洪鹏　李彦彬

探索发现

艾滋病病毒又称人类免疫缺陷病毒，英文缩写为HIV，是造成人类免疫系统缺陷的一种病毒，属于逆转录病毒的一种，1981年在美国首次发现。

艾滋病病毒通过破坏人体的T淋巴细胞，阻断了细胞免疫和体液免疫过程，导致免疫系统瘫痪，从而致使各种疾病在人体内蔓延，最终因艾滋病并发症而死亡。由于艾滋病病毒的变异极其迅速，难以研制出特异性疫苗，至今无有效的治疗方法，对人类健康具有极大的威胁。

人体免疫系统能够使我们与细菌、病毒"和平共存"。艾滋病患者因为免疫系统遭到破坏，在面对我们周围无所不在的细菌和病毒时，没有办法自卫，艾滋病患者的身体仿佛开启了一扇难以关闭的大门，病毒可轻易侵入。

下面让我们去中国科技馆三层"科技与生活"A厅的"健康之路"展厅通过"敞开大门的躯体"这件展品进一步了解一下吧！

敞开大门的躯体

在中国科技馆三层"科技与生活"展厅"健康之路"展区，你会看到"敞开大门的躯体"这件展品，通过它，你可以了解到病毒的形态、结构和多样性，还可以了解到人体免疫系统对人体的作用。

1. 装置简介

"敞开大门的躯体"这件展品的外形是一个放大了五千万倍的艾滋病毒。艾滋病毒模型内部安装有用于介绍病毒相关知识的投影仪。

2. 操作方法

走进展品内部，投影仪自动启动，各种病毒、细菌随机出现在圆形屏幕上。通过观看投影，了解病毒的形态、结构和多样性，从而体会到免疫系统的重要性。

3. 现象

展品整体呈圆形，外表面凹凸不平，为一个病毒的模型。展品内部利用投影仪将我们所生活的环境中可能存在的各种病毒、细菌放大呈现出来。

观众走进展品内部参观，可以身临其境地感受时时刻刻都在包围着我们的病毒和细菌等微生物，进而感受到人体免疫系统的重要性。

通过观看投影，可以了解到免疫系统一直守护着我们的身体，使我们免受细菌和病毒的侵害，并意识到要洁身自好，共同为预防艾滋病而努力。

观察思考

1. 人体免疫系统的功能是什么？

2. 艾滋病病毒侵入人体后会造成什么影响？

3. 病毒和细菌的形态和结构是怎样的？

分析解释

人体的免疫系统，主要负责抵御外界病原体对人体的入侵。

艾滋病，全称获得性免疫缺乏综合征，英文缩写为AIDS。艾滋病是由艾滋病病毒即人类免疫缺陷病毒引起的。艾滋病病毒本身不会引发任何疾病，但它侵入人体后，便会开始破坏人体的免疫系统，失去了免疫系统的保护，人体就等于向所有细菌和病毒敞开了大门，一个小小的感冒可能就会致使艾滋病患者丧命，很多患者最终死于多种疾病的并发症。

病毒和细菌的种类繁多，它们的形态有杆状、球形，其中病毒还有丝状，细菌还有螺旋状。虽然病毒形态多样，但基本结构简单且相似，其外面是蛋白质外壳，里面是核酸（DNA或RNA）。同样的，细菌的结构也很相似，都具有细胞壁、细胞膜、细胞质，还有核区（未成形的细胞核）。

📶 扫一扫二维码，登录中国数字科技馆，看看实验过程及现象。

制作细菌和病毒模型

1. 实验材料

　　超轻黏土，彩纸，胶水，剪刀，牙签。

2. 实验步骤

　　（1）利用网络查找各种病毒和细菌的图片，筛选出自己想要制作的形态。

　　（2）查找自己选中的细菌和病毒的名称和相关信息，仔细分析。

　　（3）使用超轻黏土和其他材料仿照图片制作相应的模型。

科学看待艾滋病

　　目前艾滋病尚不可治愈，也没有研制出相应的疫苗，但目前已经掌握了艾滋病的传播途径，也可以很好地预防艾滋病的传播。

　　艾滋病一般通过血液、性和母婴传播，与艾滋病患者一起进餐、握手、拥抱等正常接触是不会被传染的。平时做到洁身自爱，远离毒品，不与他人共用注射器，不擅自输血，不借用容易损伤皮肤和黏膜的物品，尽量避免患艾滋病的母亲生育，综上可以很有效地控制艾滋病的传播。所以，我们不必谈艾色变，更不应该将这种恐惧转变成对艾滋病患者的歧视和伤害。

　　如果不幸感染了艾滋病毒，不要惊慌。首先可以考虑72小时内在当地医院、红十字会或疾控中心申请购买病毒阻断药，遵医嘱坚持服用，在第一时间阻止病毒蔓延扩散入人体。如果错过阻断时机，真的感染了艾滋病，那么需要调整自己的心态，遵从医嘱，坚持按时服用抗病毒药物来抑制病毒数量，保证免疫系统的正常运作，就可以和其他人一样乐享天年。

　　科学看待艾滋病，懂得关爱他人，保护自己。

19. 人体保卫战

课程设计：王洪鹏　李彦彬

人体有三道防线，来抵御病原体的攻击。皮肤和黏膜是阻止病菌进入人体的第一道屏障。皮肤是人体最大的器官，被覆于身体的表面，可有效地阻挡病菌的侵入；而广泛分布于呼吸道、消化道、泌尿生殖道以及外分泌腺的黏膜免疫系统，则以黏液、纤毛、泪液、唾液等多种方式抵抗微生物的侵扰。

病菌如果突破第一道防线进入人体，人体的第二道防线——炎症反应开始发挥作用。血液中的白细胞快速地聚集在侵入者周围，并以同样的方式攻击、吞噬和破坏所有入侵的病菌，防止它们扩散。炎症反应可能会引起疼痛、肿胀和发热，在你感到不舒服时，病菌同样会因为生存环境温度较高而难以存活。

如果局部防御被突破，或感染持续存在，免疫反应将被开启，这是人体的第三道防线。T型淋巴细胞和B型淋巴细胞能够识别出各种不同的病原菌，并产生大量的抗体给侵入者加上"标记"，随之免疫系统就会锁定目标，发出强力有效地攻击，从而消灭病原微生物。

消灭侵入我们身体的病菌，机体固有的三大防线功不可没。让我们去中国科技馆"科技与生活"A厅的"健康之路"展厅亲身体验一下吧！

在中国科技馆三层"科技与生活"A厅"健康之路"展区，你会看到"人体保卫战"这件展品，通过它你会了解到人体固有的三道防线，以及人体的免疫系统是如何抗击病原体的。

1. 装置简介

"人体保卫战"这件展品采用游戏互动的方式，将观众虚拟化成细菌般大小，在虚拟鼻孔、咽喉、支气管的场景中扮演人体内的各种防御因子与病菌战斗，体验人体抵御病源菌入侵的机理。

2. 操作方法

走进展品内部，游戏场景自动开启。此时，一个流感患者在屋里打了·个喷嚏，病毒随飞沫进入空气中，飘浮在整间屋子里。当其他人在这间屋里呼吸时，就会吸入病原体。

3. 现象

人的鼻腔、咽喉、气管和支气管中含有黏液和纤毛，黏液和纤毛一起捕捉、驱出进入呼吸系统的大多数病毒和细菌。

机体通过很多方法抵抗病原体。病原体被消灭，"保卫战"胜利，人类的化身会自动解释预防流感的基本知识。如果"保卫战"失败，人类化身就会被送进医院，流感病毒会随着喷嚏逃出屋子去寻找下一个目标。医生会解释人体"得病的原因"，并提示通过阅读展板，来了解人体的免疫系统抗击病原体的相关知识。

观察思考

1. 流感病原体侵入呼吸系统，会依次经过哪些器官？

2. 呼吸系统中的各器官是通过什么结构阻挡病原体和异物的侵入？

3. 抗体是如何抵御病原体的？

扫一扫二维码，登录中国数字科技馆，看看实验过程及现象。

人体保卫战

　　病原体通过呼吸道进入人体后，会依次通过鼻、咽、喉、气管、支气管，最后到达肺。在这一过程中，病原体首先会受到鼻腔中鼻毛和鼻黏膜分泌的黏液阻挡，通过打喷嚏可以排出这些异物，戴口罩可以有效阻止病原微生物传播；其次气管中的纤毛和黏液会继续阻挡病原体和异物，形成痰，排出体外。所以，不随地吐痰，也是阻断病原体传播的方法。

　　如果病原体持续在人体内搞破坏，体液免疫和细胞免疫将被激活，发动更加有效的针对性更强的攻击。体液免疫指B淋巴细胞会针对入侵者的特性产生大量抗体，抗体会标记入侵者，随后巨噬细胞会锁定目标，将之消灭。细胞免疫专门针对那些躲进人体的细胞里狡猾的入侵者，对于这些病原体，抗体无法发挥作用，而T淋巴细胞能够识别被侵染的细胞，锁定目标，激活细胞的"自杀程序"，与入侵者同归于尽。值得一提的是，在每次体液和细胞免疫时，会产生记忆B淋巴细胞和T淋巴细胞，它们会记住入侵者的样貌，当相同的病原微生物再次侵入时，就会立刻防守反击。

模拟抗体和抗原的特异性结合

1. 实验材料

　　超轻黏土，牙签，各种形状的模具（可用瓶盖代替）。

2. 实验步骤

　　（1）仿照网络查找的图片，用超轻黏土制作各种形态的病毒模型。

　　（2）用一模具的正面（反面），制取超轻黏土模型，贴附在病毒模型表面。

　　（3）用同一模具的反面（正面），制取超轻黏土模型，作为抗体。

　　（4）换另一模具重复（1）、（2）、（3）。

　　（5）将各种病毒和抗体摆放在一起，尝试"配对"，体会抗体和病毒表面抗原决定簇的特异性结合过程。

泡泡男孩

1971年9月21日，他出生在美国德克萨斯州休斯敦市的圣鲁克医院。从出生起，他就生活在一个无菌透明的塑料隔离罩中，因为他患有一种极其罕见的基因缺陷疾病——重症联合免疫缺陷病，英文缩写为SCID。他的体内免疫系统存在缺陷，对细菌、病毒的抵御能力极弱。

对他来说，泡泡外面的世界充满着致命的威胁，甚至连母亲一个充满疼爱的吻或拥抱，都可能会带来可怕的后果。大部分患有重症联合免疫缺陷病的新生儿都会在出生后不久夭折。医生们认为唯一的治疗方法就是进行骨髓移植手术。

1983年年底，新任主治医生为"泡泡男孩"移植了姐姐凯瑟琳的骨髓干细胞，但两人的骨髓并不完全匹配。手术后，骨髓内潜伏的病毒就侵入了他脆弱的身体，并肆意地大量繁殖，医生竭尽全力为他抢救也无济于事。最终，"泡泡男孩"结束了他12年的泡泡生活。

20. 血管漫游 血管墙

课程设计：高婷　李倩

探索发现

血管指血液流过的一系列管道。人体除角膜、毛发、指(趾)甲、牙质及上皮等，血管遍布全身各处，可见健康的血管对我们身体起着至关重要的作用。正常血管里的血液在不停地循环，那血管内部的血液究竟是怎样循环的呢？当血管发生粥样动脉硬化时，管壁又是什么样子的呢？带着心中的疑问，让我们去中国科技馆三层"科技与生活"A厅的"健康之路"展厅一探究竟吧！

资源简介

在中国科技馆三层"科技与生活"展厅"健康之路"展区，你会看到血管漫游及血管墙这两件展品。

血管漫游

1. 装置简介

血管漫游位于"健康之路"展区中部，半开放式的小屋外形模拟的是血液中的一粒红血细胞，因颜色鲜红很是显眼。进入"红细胞"内你会看到三联屏及操作台，操作台上设有操作杆。

2. 操作方法

向后拉动操作杆，游戏开始，通过控制操作杆观察三联屏。

3. 现象

开始游戏后，你可以化身为血红细胞，配合人体血管导航图，清楚地看到自己在血管中的具体位置，并可以通过操作杆经历血液循环的过程，体验胆固醇在血管中堆积而导致血管变细、血液流通受阻的感觉。通过视频介绍，你还可以了解到冠状动脉硬化对血液流通的影响。

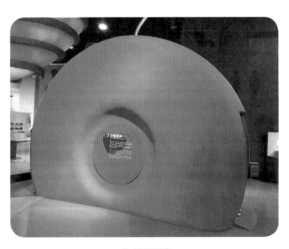

血管漫游

血管墙

1. 装置简介

血管墙位于"健康之路"入口，展品由两部分组成。①蓝色墙体上镶嵌有正常血管及粥样动脉硬化血管的模型。②半弧形红色墙体内有模拟正常血管及粥样动脉硬化血管的内壁。

2. 操作方法

①按下开始按钮。②观察。

3. 现象

①同时向健康血管和粥样动脉硬化血管模型内注水，你会发现健康血管液体流动畅通，而粥样动脉硬化血管在血管内壁由于附着有脂肪、胆固醇形成的斑块，引起了血小板的堆积，血管内的空间狭窄，甚至堵塞，液体流量也随之减小。②走过放大的血管通道，通过触摸两侧的内壁，你可以进一步感受它们的差别。健康的动脉血管内壁光滑而富有弹性，而粥样动脉硬化血管内壁凹凸不平且失去弹性。

血管墙

扫一扫二维码，登录中国数字科技馆，看看实验过程及现象。

观察思考

1. 血液循环的途径和意义分别是什么？
2. 脉搏是如何形成的？
3. 动脉硬化的危害是什么？

分析解释

人体内物质运输的载体是血液，心脏是血液流动的动力泵，血管是血液流动的管道。人体的心脏、血管、血液构成了血液循环系统。

血液循环是由体循环和肺循环两条途径构成的。血液由左心室泵出心脏，经主动脉及其各级分支流到全身的毛细血管网。在此与组织细胞进行物质交换，把运输来的营养物质及氧气供给组织细胞利用，把细胞产生的二氧化碳和其他代谢废物运走。此时，血液由含氧丰富、颜色鲜红的动脉血变成了含氧较少、颜色暗红的静脉血。静脉血经各级静脉流回右心房，这一循环为体循环。心脏接着将血液从右心室泵出，经肺动脉流到肺部毛细血管网，在此血液中的二氧化碳进入肺泡，肺泡中的氧进入血液，与红细胞中的血红蛋白结合。此时，血液由含氧较少、颜色暗红的静脉血变成了含氧丰富、颜色鲜红的动脉血。血液再由肺静脉流回左心房，这一循环称为肺循环。

当大量血液进入动脉会使动脉压力变大，血管管径扩张，可被感知的体表处动脉的扩张，被称为脉搏。正常人的脉搏和心跳是一致的，一般为每分钟60～100次，平均每分钟约72次。老年人较慢，为每分钟55～60次。脉搏的频率受年龄和性别的影响明显，胎儿每分钟110～160次，婴儿每分钟120～140次，幼儿每分钟90～100次，学龄期儿童每分钟80～90次。

血液通过全身循环，把肠吸收的养料、肺吸进的氧气运至全身各处，并将身体各部分组织细胞产生的二氧化碳和其他代谢废物分别输送给肺和肾脏等器官或组织，最后将其排出体外。

心脏作为输送血液的泵，其所需要的营养物质和氧，却不能直接由流经心腔的血液供应，而是通过冠脉循环来进行的。冠脉循环指血液由主动脉基部的冠状动脉流向心肌内部的毛细血管，再由静脉流回右心房的循环，是给心脏自身输送氧和营养物质并运走代谢废物的循环。如果冠状动脉发生病变（冠状动脉硬化等）致使心肌缺血，就会引起冠心病；如果冠状动脉梗死，还会危及生命。

在血液循环中，血管作为血液流动的管道，其流通性是非常重要的。血液中正常的胆固醇含量为每单位140～199毫克。而胆固醇过多，会堆积在血管中，导致血管变细，血液流通受阻，进而对身体健康造成影响。

做一做

项目一：学习测量脉搏

（1）将自己的一只手臂轻松地放在桌面上。

（2）另一只手的食指和中指压在桡动脉处，力度适中，以能感觉到脉搏搏动为宜。

（3）利用手表或计时器测量1分钟脉搏搏动的次数（请你测量静坐和运动后两种状态下1分钟脉搏搏动的次数，并记录在下面的表格中）。

脉搏搏动次数统计表

状态	次/分钟
安静	
运动	

项目二：制作血液循环模型

1．实验材料

四格药盒，红色粗电线，蓝色粗电线，一半红一半蓝细电线，硬纸板，双面胶。

2．实验步骤

（1）制作心脏

用药盒模拟人体的心脏。将药盒的四个空腔，分别打一个小孔。上、下两格之间切开，模拟瓣膜结构。在四个小格子上标注出"左心房""左心室""右心房""右心室"四部分。

（2）制作毛细血管球

用一半红一半蓝的细电线四根编织两个"毛细血管球"，末尾连接。

（3）组建血液循环路径

按照血液循环的途径，用蓝色粗电线、红色粗电线模拟"静脉""动脉"，将"毛细血管球""心脏"连接起来。调整修饰，将作品用双面胶固定于硬纸板上。这样就完成了血液循环模型作品制作。

项目三：动脉运输模拟实验

1. 实验材料

一次性输液调节器2根，输液空瓶，2个大小相同的杯子，架子，计时器。

2. 实验步骤

（1）实验处理

A组：将输液调节器调到最大，即为"1"处（模拟正常血管）。

B组：将输液调节器调到"1/2"处（模拟血管动脉硬化堵塞1/2的血管）。

分别将A、B组的输液管放入另一端的杯子中。

（2）安装装置

将输液空瓶注入等量清水，盖好瓶塞，将输液瓶倒置架于架子上，然后将2根一次性输液调节器的插瓶针部分同时插入输液瓶中，开始计时6分钟。

（3）记录数据

比较A、B组每分钟内血流量的差异。

（4）分析数据

请根据你的知识推测，当血管的1/2被堵塞后对人体会造成什么影响？

阅读理解

影响动脉硬化的因素

据统计，全世界每年约有一千万人死于由动脉硬化引起的心、脑及其他血管病，占总死亡人数的40%～50%。法国名医卡隆尼有句名言："人与动脉同寿"，所以说如果能延缓动脉硬化，就可以减少死亡，延长人的生命。那么究竟是什么原因引起的动脉硬化呢？分析有以下几点。

1. 高脂肪饮食。动物脂肪如肥肉、乳制品中含有大量饱和脂肪酸和胆固醇，是造成血脂升高的主要原因。近年来，我国心脑血管发病率激增是人们高脂肪饮食所致。

2. 饱餐和甜食。临床资料证实，许多肥胖者平时有饱餐和爱吃甜食的习惯。每餐必饱则使米、面等淀粉多糖摄入过量，进而转化成脂肪造成肥胖。

3. 吸烟与酗酒。研究表明：每天吸烟超过20支的人，患有心肌梗死的概率是不吸烟者的2～3倍，猝死率是不吸烟者的4～5倍。香烟的成分会导致血管病理性痉挛，血管壁通透性增大，使血液中的脂类嵌附在动脉内壁形成动脉粥样硬化，血液黏稠度升高加重心肌耗氧量。

4. 缺乏运动。缺乏运动者体内容易产生一种低密度脂蛋白粒子，它会加强血管壁脂肪和胆固醇的附着作用，加速动脉粥样硬化。

5. 精神紧张。精神紧张会使身体内血管处于收缩或痉挛状态，此时血管壁上最容易附着脂肪。

6. 遗传因素。有动脉硬化家族史的患者，比无家族史的患者患病几率高2～7倍，尤其是家族性高脂血症患者，不论食用何种饮食，其血液中胆固醇含量一直较常人高。

21. 驱出异物 烟之柱 烟之魔

课程设计：秦媛媛 刘天旭

咳嗽或打喷嚏一定是因为生病了吗？其实，这可能是呼吸系统在执行防御功能，消灭、清除致病因子。如果呼吸系统异常会导致人无法正常生活。而吸烟，不论是主动吸烟还是被动吸烟，都会损害呼吸系统。那么，香烟中到底有哪些有害物质？这些有害物质如何影响了呼吸系统？让我们一起到中国科技馆三层"科技与生活"A厅一探究竟吧！

资源简介

这里，我们将介绍三个展品，分别为"驱出异物""烟之柱"和"烟之魔"。

驱出异物

1. 装置简介

展品"驱出异物"位于中国科技馆三层的"科技与生活"A厅。由透明罩、显微镜和转轮三部分组成。透明罩内有模拟气管的轨道和小球，显微镜下放置有黏膜和纤毛的标本。

驱出异物

2. 操作方法

转动转轮，观察透明罩中小球在模拟气管的轨道上的运动状态。从显微镜中观察黏膜和纤毛的标本。

3. 现象

当转动转轮时，透明罩中模拟气管的轨道上的凸起结构开始摆动，模拟纤毛的运动，小球会在凸起结构的作用下从一端慢慢地向另一端移动。

烟之柱

1. 装置简介

展品"烟之柱"由一个巨大的透明柱体和操作台两部分组成。透明柱体中装有数量众多的烟头，整个柱体分为四部分，分别代表不同的烟龄段。操作台表面有四个按钮，分别代表不同的烟龄段，其下方有四个层板，展示了香烟中的几种主要有害成分。

2. 操作方法

按下按钮，观看透明柱体对应的展示内容。拉开操作台下方的层板，查看香烟中的主要有害物质。

3. 现象

按下操作台上的按钮后，透明柱体对应的部分会亮起，展示相应烟龄所消耗的资金及等值的健康消费信息。拉开操作台下方的层板，可以看到香烟中含有的几种主要有害物质，包括烟焦油、一氧化碳、尼古丁。

烟之柱

烟之魔

1. 装置简介

展品"烟之魔"是一个机械互动展品。展台上方的透明罩中有两个透明U型管，分别代表正常人的肺和肺气肿病人的肺，每个U型管中都有小球，分别由展台下方的两个推拉手柄控制。旁边还有一组正常人的肺和吸烟者的肺的模型。

2. 操作方法

推拉手柄，直到U型管中的小球向上绕动一周。比较让两种U型管中小球绕动一周所用力的大小，分析判断对应的两种肺的呼吸效率。观察两个肺模型的颜色和形态差异。

3. 现象

通过推拉手柄，两种U型管中小球向上绕动一周所需的力气不同，代表肺气肿的U型管中的小球绕动一周所需要的力气要远远大于正常肺部。

烟之魔

1．简述人体是如何驱出气管中的异物的？

2．分析有哪些因素会影响异物的驱出？

3．简述吸烟对人体呼吸系统的伤害。

分析解释

人体的呼吸系统包括鼻、咽、喉、气管、各级支气管和肺，各部分都有相应的消灭、驱出异物进入人体的结构。由于人的呼吸系统与外界大气直接连通，呼吸过程中不仅会吸入空气，空气中的各种异物，如灰尘、细菌等，也会一起被吸入。绝大部分的外界异物会被呼吸道中的保护结构阻挡并排出，这是呼吸系统非常重要的功能之一。

其中，气管是由多种组织构成的器官。气管是圆筒状管道，由16～20个"C"型软骨和连接其间的环状韧带构成。"C"型软骨的缺口向后与食管相邻，具有支架作用，有弹性，一般使管腔保持开放状态，以维持机体呼吸的正常进行。

气管的管壁分为黏膜层、黏膜下层和外膜。①其内壁的黏膜层由纤毛细胞、杯形细胞、基细胞、刷细胞和小颗粒细胞组成。纤毛细胞数量最多且呈柱状，细胞间联系紧密，气管内侧的细胞表面有许多纤毛。纤毛向咽的方向做有规律的波浪运动，将气管与支气管黏膜表面的薄层黏液与黏附在上面的异物推向咽部，最终以咳嗽的形式排出。②黏膜下层为疏松结缔组织，它的分泌物通过导管排入气管腔。分泌物中含有溶菌酶，其对细菌和病毒有消灭作用。③气管的外膜较厚，由气管软骨和结缔组织构成。

做一做

1．操作"驱出异物"展品，模仿气管中纤毛驱出异物的过程。

2．观察家中洗衣机排水管上的环状肋条，弯曲排水管，观察管道的开放情况。体会气管"C"型软骨对于维持气管开放的作用。

3．轻触脖子，感受气管上软骨的存在。

扫一扫二维码，登录中国数字科技馆，看看实验过程及现象。

阅读理解

呼吸系统自身有驱出异物的能力，但是这种能力是有限度的。如果吸入的异物体积非常小，如PM2.5、PM1.0等小颗粒物质，呼吸系统的鼻毛、黏液、纤毛等结构就难以充分发挥其功能，这些颗粒物会直接侵入肺，随机体血液循环进入其他组织或器官，进而引发各种疾病。如果长期大量吸入可吸入颗粒物，呼吸系统无法驱出全部的异物，沉积下来的颗粒物在肺内蓄积，也会引发肺部组织病变。

尘肺病是危害中国工人健康最严重的职业病。权威机构报告，国内尘肺病累积病例及可疑病例近百万，尤以煤炭系统工人最为严重，尘肺病对患者的工作和生活影响巨大。中国法定的尘肺病有以下十二种：矽肺、煤工尘肺、石墨尘肺、炭黑尘肺、石棉肺、滑石尘肺、水泥尘肺、云母尘肺、陶工尘肺、铝尘肺、电焊工尘肺和铸工尘肺。呼吸系统出现病变后，其结构会受到损害，它的抵抗能力、驱出异物的能力也会被削弱，更容易受到外界异物的侵害。

扫一扫二维码，登录中国数字科技馆，看看实验过程及现象。

22. 福岛胡狼

课程设计：张华文　刘艳娜

探索发现

生态平衡是生物维持正常生长发育、生殖繁衍的根本条件。然而人为不合理地干预和控制，会使生态系统失去平衡，并引发一系列严重的连锁性后果。想要了解生态平衡的重要性，就让我们走进"地球述说"展区来一起体验吧！

资源简介

1. 装置简介

"福岛胡狼"这件展品位于中国科技馆四层"挑战与未来"A厅"地球述说"展区。如图，本展品由两台投影，以及两架激光猎枪组成。

2. 操作方法

控制猎枪的瞄准位置，扣动扳机，消灭画面上的动物，在120秒内保持生态平衡。

3. 现象

不同动物处于同一生态系统中，它们需在数量上保持相对稳定，才能与草场的承载能力相适应，如果其中任一种动物过多，都会导致生态平衡被破坏，从而使草场沙漠化，生物多样性被破坏。

福岛胡狼

1. 请你观察背景墙中的草原环境，如果以草为起点，找一找这个草原环境中生物之间的捕食关系，用"→"表示出来（箭头指向捕食者）。

2. 请你数一数草原环境中各种生物的数量，想一想，若各种生物的数量及其所占的比例发生较大程度的变化，会造成怎样的结果？

分析解释

生态系统中的各种生物，通常以营养为纽带形成一种复杂的关系。例如在一个草原生态系统中草被羊食，羊被狼食，可表示为：草→羊→狼；草被鼠食，鼠被蛇食，可表示为：草→鼠→蛇。这种生物之间通过捕食与被捕食而形成的简单的营养关系，称为食物链。在一个生态系统中，多数动物的食物不是单一的，因此食物链之间又可以相互交错相联，构成的复杂的营养关系，称为食物网。

一般情况下，生态系统中各种生物的数量和所占的比例是相对稳定的，例如一个草原生态系统中生存着各种各样的生物，如果在草→羊→狼这一食物链中，狼的数量减少，羊的数量就会增多，一旦数量超过草原可以承载的限度，草原生态系统就会严重失衡，草原的草越来越少，最终导致草地沙漠化，草原的动物种类减少。这也说明了生态系统在一定范围内能保持自身的稳定性，维持自身的平衡，但这种调节能力是有限的。

做一做

编织食物网

1. 实验材料

长绳子。

2. 实验步骤

（1）几位同学为一组，每位同学在食物网中扮演一种生物。

（2）一位同学拿住一根线的一头，把另外一头递给另外一个同学，他所扮演的生物角色与其他同学所扮演的生物角色存在食物链关系。依此类推，使参加的同学都以线连起来。

（3）请食物网中的一位同学退出，所有与该同学有关联的同学都要把与其相连的线扔下。

（4）请同学思考，在去除一种生物后，有多少种生物会受到影响？这个活动说明了什么？

📶 扫一扫二维码，登录中国数字科技馆，看看实验过程及现象。

阅读理解

狼和鹿的故事

20世纪初，美国亚利桑那州北部的凯巴伯森林松杉葱郁，生机勃勃。大约有4000只左右的鹿在林间生活。美国总统西奥多·罗斯福将凯巴伯森林列为全国狩猎保护区，为了保护森林中温顺的鹿群并为了让其繁殖更多，政府决定雇请猎人去消灭凶恶残忍的狼。除狼行动从1906年开展到1930年，累计枪杀了6000多只狼，狼在凯巴伯林区不见了影踪，森林中其他以鹿为捕食对象的野兽也被猎杀了很多，得到特别保护的鹿成了凯巴伯森林中的"宠儿"，在这个"自由王国"中，他们自由自在地生长繁育，过着没有危险且食物充足的幸福生活。很快，森林中的鹿的数量激增，总数超过了10万只。

10万多只鹿在森林中东啃西啃，灌木丛吃光了就吃小树，小树吃光了又啃食大树的树皮，一切能被鹿吃的食物都难逃厄运。森林中的绿色植被一天天减少，大地露出的枯黄一天天扩大，灾难终于降临到鹿群的头上，先是饥饿造成鹿的大量死亡，接着又是疾病流行，无数只鹿消失了踪影。到了1942年，整个凯巴伯森林中只剩下不到8000只病鹿在苟延残喘，罗斯福无论如何也想不到，他下令捕杀的恶狼，居然也是森林的保护者。尽管狼吃鹿，它却维护着整个森林的生态平衡。

这是因为，狼吃掉一些鹿后，就可以将森林中鹿的总数控制在一个合理的范围内，森林也就不会被鹿群糟蹋得面目全非。同时，狼吃掉的多数是病鹿，又有效地控制了疾病对鹿群的威胁。凯巴伯森林里发生的这一系列故事说明：生活在同一地球上的不同生物之间是相互制约、相互联系的。人们必须尊重生物乃至整个生物界中的这种相互关系。

23. 细菌发电

课程设计：张华文　蔺增曦

探索发现

大家平常了解的发电方式有哪些？细菌发电，是不是听上去有点不可思议？细菌究竟是如何发电的？是不是所有细菌都能发电？要想了解这些信息，让我们走进"能源世界"来一探究竟吧。

资源简介

1. 装置简介

如图所示，本展品由一台投影、两台显示器以及对应的鼠标组成。

2. 操作方法

先观察细菌发电所需的原料，然后使用鼠标选择对应的细菌菌种，按下确定按钮，选择一组三种细菌，然后查看产生甲烷的情况。

3. 现象

第一步需降解纤维素的菌种，只有正确的菌种才能降解纤维素，产生第二步所需的糖；第二步需降解糖的菌种，只有正确的菌种才能降解糖产生第三步所需的乙酸或氢；第三步需产生甲烷的菌种，只有正确的菌种才能产生甲烷气体。当三步都正确，本反应才能产生甲烷，完成发电所需的原料准备。

细菌发电

1. 什么是细菌发电？
2. 展品介绍了几种细菌发电技术？
3. 细菌需要哪些条件，经过几个步骤才能产生甲烷？

分析解释

展品中介绍的细菌发电装置类似于一个小型微生物电池。早在1910年，英国植物学家马克比特就发现了几种细菌的培养液能够产生电流。而微生物电池与常用的电池不同，它是一种"燃料"电池，即以有机质为燃料，这些微生物在分解有机物的过程中，不放出热量，而是从物质的氢中获取电子，释放电能，产生电流。换句话说，就是微生物在氧化有机物的过程中，把氧化反应中产生的化学能转化成了电能。电能释放的数量与发酵温度、有机物浓度和细菌数量有关。

当然，细菌发电技术不仅局限于将化学能直接转化为电能，在一定条件下（比如甲烷产生菌需厌氧条件），各种细菌分工合作还能产生各种中间代谢产物。如纤维素降解菌首先将纤维素分解为糖类，糖降解菌再将糖类分解为乙酸或氢，最后甲烷菌利用乙酸或氢产生甲烷。这些燃料物质也可进一步转化为电能或其他形式的能量。视频中介绍的第二种发电技术，即为不同微生物分工合作，制造甲烷的过程。

甲烷类似于天然气，无色无味、可燃烧，是一种理想的气体燃料。若将甲烷用于装有综合发电装置的发动机上，可以产生电能和热能。甲烷发电具有高效、节能、安全和环保等特点，是一种分布广泛且价格相对低廉的能源，在发达国家被高度重视和积极推广。

📶 扫一扫二维码，登录中国数字科技馆，看看实验过程及现象。

寻找微生物能源工程的关键菌种——纤维素降解菌

土壤中存在着大量纤维素分解菌，包括真菌、细菌和放线菌等，它们可以产生纤维素酶。纤维素酶是一种复合酶，可以把纤维素分解为中间产物纤维二糖，进一步分解为葡萄糖供微生物利用。所以选用纤维素滤纸作为唯一碳源，可以检测土壤中是否存在纤维素分解菌。

1. 实验材料

   土壤，培养皿，无菌水，纤维素滤纸，密封条。

2. 实验步骤

   （1）土壤取样：选择环境中富含纤维素的土壤，取样品20克。

   （2）将土壤平铺在培养皿中，喷洒无菌水保持土壤潮湿。

   （3）将已灭菌处理过的纤维素滤纸平铺在土壤样品上。

   （4）将培养皿用密封条密封好，在30～37℃条件下培养。过一段时间后，观察滤纸的变化。

微生物与能源

农作物的废弃物（秸秆、杂草、稻壳等）、畜禽粪便、锯末、生活垃圾、污水等，这些人们生产生活产生的废弃物，经过不同的微生物处理后，可以转换成各种能源或能源物质供人们使用。

秸秆、粪便中有机物中蕴含的能量，又被称为生物质能，直接或间接地来源于植物的光合作用。其不同于常规的化石能源，又有别于其他的新能源，兼有二者的优势，是一种可存储的可再生能源。近几十年来，人们一直致力于将这些废弃的生物质中的能量转化为可被利用的能量形式，至于帮手，就是那些我们身边肉眼看不到的微生物。

从理论上来说，任何类型的有机废物材料都可以被相应的微生物利用，从而产生可被人们利用的能源或燃料物质。根据能源的转化技术和生物质产品的类型，可将这些能源微生物分为：甲烷产生菌、乙醇产生菌、氢气产生菌、产油微生物和生物电池微生物五类。人们还利用基因工程技术，成功构建出各种基因工程菌用于能源生产。基因工程菌不仅副产物低，而且产量比亲代还要高。

随着世界各国对能源需求的不断增长和人们环保意识的日益增强，清洁能源在人们生活中的应用将会越来越广。伴随生物技术与基因工程的发展，微生物能源在能源领域会发挥越来越重要的作用，很可能会成为未来最为高效的可再生能源。

24. 基因竖琴

课程设计：张华文 林晓晨

探索发现

基因是决定一个生物物种所有生命现象的最基本的因子。一个物种之所以是一个物种，决定因素就在于它的遗传信息，而遗传信息的载体，就是DNA（脱氧核糖核酸）。DNA是基因的实体，基因位点指基因在染色体上占有的特定位置，它在染色体上呈线性排列。基因位点不仅可以通过复制把遗传信息传递给下一代，还可以使遗传信息得到表达。不同人种之间头发、肤色、眼睛、鼻子等存在的不同，就是基因差异的反映。要想了解基因上携带的重要遗传信息，就让我们走进"基因生命"展区一探究竟吧。

资源简介

1. 装置简介

如图所示，本展品由立着的24个大型LED灯柱及其左右两侧带有基因疾病信息的亚克力板及地面上对应着的感应装置组成。

2. 操作方法

站立在某一灯柱前的感应装置时，观察阅读灯柱两侧亚克力板上的信息。

3. 现象

当站立在某一灯柱前的感应装置时，灯柱亮起，灯柱两侧亚克力板上的信息显现出来，你可以了解到染色体上都有哪些重要的基因，以及相应基因上所携带的遗传疾病。

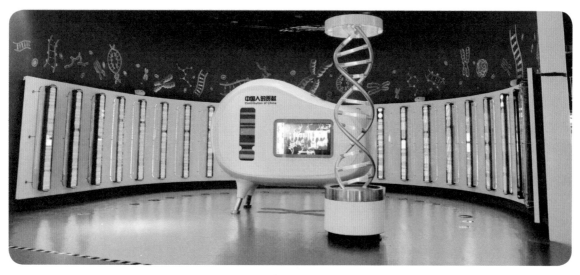

基因竖琴

扫一扫二维码，登录中国数字科技馆，看看实验过程及现象。

观察思考

1. 在人体细胞中共有46条染色体，为什么展品中只展示了其中24条染色体中所蕴含的基因信息？

2. 你可能已经注意到，在每条染色体的某一个部位都有一个着丝点，思考它有什么作用？

3. 思考DNA作为遗传物质具有哪些结构特点？

分析解释

人体的体细胞是由受精卵经过不断的细胞分裂和细胞分化形成的，而受精卵则是由父亲提供的精子与母亲提供的卵细胞结合形成的，其中精子中包含了22条常染色体（1～22号常染色体）和1条性染色体（X染色体或Y染色体），卵细胞中包含了22条常染色体（1～22号常染色体）和1条性染色体（X染色体）。精子或卵细胞提供的1～22号常染色体中，对应编号的染色体上的基因控制的是同一种性状，而X染色体和Y染色体所包含的基因信息有部分是不一致的，因此需要分别列出。综上所述，基因竖琴共展示了22条常染色体、X染色体和Y染色体，包含了人体细胞中全部的遗传信息。

染色体中不仅包含作为遗传物质的DNA，同时还有起到保护作用的蛋白质，着丝点就是一种蛋白复合体。我们知道，随着细胞的衰老和凋亡，细胞必须不断地进行分裂产生新的细胞。细胞分裂的第一步就是要进行遗传物质的复制，为了保证遗传物质可以精准地一分为二进入到两个子细胞中，细胞中的纺锤丝必须与染色体的着丝点结合，因此每条染色体上均有保证分裂精准的着丝点。

相信细心的同学已经发现，每条染色体上的着丝点位置均有不同，事实上，根据染色体上着丝点位置的不同,染色体可分为四类：①端着丝点染色体。②近端着丝点染色体。③亚中央着丝点染色体。④中央着丝点染色体。我们在对染色体进行显微镜观察时，可根据着丝点的位置对染色体进行简单的分类。

在基因竖琴环绕的中心，我们看到了DNA的双螺旋结构。DNA的中文名是脱氧核糖核酸，它的基本单位是脱氧核糖核苷酸，简称脱氧核苷酸。脱氧核苷酸共有四种：腺嘌呤脱氧核苷酸（A）、鸟嘌呤脱氧核苷酸（G）、胞嘧啶脱氧核苷酸（C）和胸腺嘧啶脱氧核苷酸（T）。这些基本单位按照一定规律，即A和T配对、C和G配对（碱基互补配对原则），形成了稳定的DNA双螺旋结构，连接左右相邻的脱氧核苷酸的是一种称为氢键的结构，连接上下相邻的脱氧核苷酸的是一种叫碳—氧键的结构。这样稳固的结构保证了遗传物质在数次的细胞分裂中保持高度的稳定性，同时，由于DNA的每一个位置上的脱氧核苷酸种类都有4种不同的选择，因此DNA还具有很高的多样性，这成为了不同种生物唯一的"标签"。

制作DNA的双螺旋结构

1. 实验材料

彩笔，纸张，彩色胶带，剪刀。

2. 实验步骤

（1）用剪刀将纸张裁剪成大小一致的纸片。

（2）用4种颜色不同的彩笔在纸片上写出4种脱氧核苷酸的名字。

（3）根据碱基互补配对的原则将两个脱氧核苷酸用彩色胶带粘连起来，粘连时预留出胶带的位置，体现出氢键的存在。

（4）用彩色胶带将上下相邻的脱氧核苷酸进行粘连，同时预留出胶带的位置，体现碳—氧键的存在。

猫叫综合征

人类的5号染色体含有大约181百万个碱基对，约占细胞内所有DNA碱基总数的6%，其中包含900～1300个基因（检测方法不同，得到的基因个数存在差异）。

如果5号染色体的短臂远端部分缺失，会导致生物个体的喉部发育不良或未分化，使患者在婴儿时有猫叫样啼哭，因此被称为猫叫综合征。此类染色体异常疾病为最常见的缺失综合征，每年出生的活产婴儿中，每2万～5万名中就有一人患有此症，临床统计男女患病比例约为3：4。

猫叫综合征患儿一般状态及反应差，哭声细弱似猫叫样，头小而圆，两眼眶距离过宽，下颌小，颈偏短，耳郭低位，双手呈"断掌"掌纹，喜哭吵，易激惹，哭声低微。

该病随着年龄增长，猫叫样哭声好转。该病死亡率低，多数患儿可活到成年，但体重及身长均低于常人。在较年长的小朋友和青少年身上，患者会表现出明显的智力不全、小脑症、脸部特征变得粗鲁、突出的眼眉骨、深陷的眼睛、扁鼻梁、严重的咬合不正、脊椎侧弯等特征。

25. 它们有多大

课程设计：曹朋 李亚辉

探索发现

微生物是一切肉眼看不见或看不清楚的微小生物的总称。虽然它们很小，却与我们密不可分。它们有些是我们生活中不可缺少的朋友，有些会给我们的生存带来危害，也有一些在生物圈的物质循环和能量流动中起着关键的作用。想不想亲眼见识一下这些平时看不到或是不容易看清的微生物们，快来中国科技馆四层"挑战与未来"B厅的"它们有多大"展品处看看吧！

资源简介

1. 装置简介

本展品由指纹识别操作台和仿真显微镜两部分组成，以对比的方式使观众了解基因工程中所涉及的对象在微观世界中的大小，让观众在实践中感受微观世界带来的惊喜和乐趣。

它们有多大

2．操作方法

观众将一个手指放入凹槽，另一只手旋转旁边的转轮，调整放大的倍数，通过仿真显微镜观察指纹上的微生物的大小。

3．现象

以观众的指纹为参照物，通过观察叠加在指纹上的尘螨、豚草花粉、红细胞、酵母菌、大肠杆菌、鼻病毒等微生物形态的大小，了解这些基因工程实施对象的体量。

观察思考

1．微生物与我们人体相比太小了，以至于用肉眼并不能看到，那它们到底有多小呢？

2．观察你手上的微生物并思考它们是如何获取营养的？

分析解释

微生物是一切用肉眼看不见或看不清的微小生物的总称。它们个体微小、构造简单、进化地位低。按照其形态大小等可以分为原核生物类（如细菌）、真核生物类（如酵母菌）以及没有细胞结构的病毒等。以细菌为例，它的细胞直径为0.5～1.0微米，10亿个细菌堆积起来，也只有一个小米粒那么大。一个杆菌的长度通常为2.0微米，相当于一颗黑芝麻长度的1/1500。而无细胞结构的病毒颗粒，其直径仅为细菌的1/10。因此，我们必须在光学显微镜下才能看到这些微生物，而要想观察病毒则要借助放大倍数更高的电子显微镜了。

细菌、酵母菌、螨虫等微生物的细胞内没有叶绿体，不能进行光合作用，其营养方式主要是异养，只能通过分解有机物来获取营养。它们有的依靠分解植物的残枝落叶、动物的遗体或粪便，从中获得营养；有的则生活在活的动植物体上，利用其上的有机物维持生命。其中，病毒因其没有细胞结构，只能寄生在其他生物的活细胞内进行繁殖，不能独立生活和繁殖。

扫一扫二维码，登录中国数字科技馆，看看实验过程及现象。

制作微生物模型

1. 实验材料

   不同颜色的超轻黏土、牙签等。

2. 实验步骤

   （1）仔细观察展台上不同的微生物类型，比较它们各自的形态特征。

   （2）通过仿真显微镜观察你手上的微生物类型，与展台上的模型进行对比。

   （3）利用不同颜色的超轻黏土，动手制作你观察到的微生物模型。

阅读理解

微生物的发现史及其与人类的关系

　　人类对动、植物的认识，可以追溯到最早期人类的出现，但人们对包围在人体内外的微生物却长期缺乏认识。直到1676年，荷兰科学爱好者列文虎克用自制的显微镜首次看到了微生物，他把一位从未刷牙的老人的牙垢放在显微镜下观察，吃惊地看到许多小生物。这些小生物呈球状、杆状、螺旋状，有的单个存在，有的黏连在一起。他的发现使人类踏进了微生物世界的大门，所以我们称他为"微生物学的先驱者"。

　　人类与微生物的关系密切。一方面，细菌、病毒等微生物给人类带来了各种各样的麻烦，它们会导致人类染上传染病，人类历史上曾遭遇过的严重瘟疫如鼠疫、天花、肺结核、流感、疟疾等，均是由微生物引起的，直到今天微生物还在侵扰着人类的生产、生活，如艾滋病、禽流感、乙型肝炎等。另一方面，有很多的微生物及其产物为我们每天的食物和饮料提供可口的滋味和丰富的营养。酸奶、米酒、馒头、面包、蛋糕、酱油、味精、食醋、泡菜、腐乳等都是由微生物加工而成。同时，当我们生病去医院治疗时，那些疗效最好的药物，大多都是由微生物产生的抗生素。总之，微生物与我们的生活密不可分。

26. DNA探针

课程设计：唐剑波　林晓晨

探索发现

利用DNA探针技术可以进行亲子鉴定、肿瘤和遗传病的基因诊断等。那么DNA探针技术的工作原理是什么？又是如何操作的呢？让我们一起到中国科技馆四层"挑战与未来"B厅"基因生命"展区去体验一下吧。

资源简介

1. 装置简介

如图所示，本展品由两部分组成，包括DNA显示屏和DNA探针操作台。屏幕上显示的是人类基因组的碱基序列，通过动手操作，屏幕上会显示我们设定的序列段在当前探测序列中的数量及其在30亿碱基构成的人类基因组中的数量。

2. 操作方法

在"探针"上设定需要侦测的碱基序列（3位或6位，如CAG，ATCGGC）。

按下"自动扫描"按钮，看看在人类基因组中有多少你设定的碱基序列。

3. 现象

DNA探针是利用DNA分子碱基互补配对原则设计而成的，DNA分子中包含4种碱基，其中碱基A与T、C与G总是配对出现，这就是碱基互补配对原则。因此，想找到一段DNA序列，只需要预先设计一段与目标基因互补的碱基序列，根据碱基配对原则使它与要查找的DNA片段相结合就可以了。例如，你要找的序列是TAGGCA，你的探针就要设计成ATCCGT，它们就能互补结合在一起了。

DNA探针

1．DNA是单链结构还是双链结构？

2．在屏幕中出现的密密麻麻的字母中，你能找出几种，它们分别代表什么？

3．这些字母的排列顺序有什么意义？两个不同的DNA分子中会不会有一些排列顺序相同的序列？

分析解释

DNA的基本单位是四种脱氧核苷酸，它们按照碱基互补配对的原则进行排列，而后盘曲折叠形成DNA的双螺旋结构，所以DNA是双链结构。这四种基本单位分别用字母A（腺嘌呤脱氧核苷酸）、T（胸腺嘧啶脱氧核苷酸）、C（胞嘧啶脱氧核苷酸）和G（鸟嘌呤脱氧核苷酸）来代表。

虽然DNA是双链结构，但两条链上的同一位置均是一一对应的关系，具体的是A对应着T、T对应着A、C对应着G、G对应着C，所以我们在描述一段DNA分子的组成时，只需要列出一条链的排列顺序就可以代表整段DNA分子的排列顺序了。

DNA分子中基本单位的排列顺序蕴藏着遗传信息，根据DNA基本单位的排列顺序，我们可以推算出拥有这个DNA分子的人的外貌特征，比如说是否是双眼皮、是否是黑头发等。此外，DNA分子会由亲代遗传给子代，所以如果双方有亲属关系，他们的DNA分子具有很多相似的地方，在某些位置，他们的基本组成单位的排列顺序有可能完全相同。根据这个原理，我们也可以根据二者的DNA分子中是否有排列一致的顺序，来判断他们有没有亲缘关系。

做一做

请阅读DNA探针机器的操作说明，在平板上随机摆放一组DNA，寻找在屏幕中是否有相同的排列顺序，并确定具体的位置。

扫一扫二维码，登录中国数字科技馆，看看实验过程及现象。

借助DNA探针检测水质

我们日常饮用的自来水中，可能会含有某些细菌或病毒，对我们的身体健康构成威胁，因此在投入使用前，我们需要对水质进行检测，但是病毒太过微小，常规的检测方法无法捕捉到它们，因此需要借助DNA探针技术进行检测。

首先根据饮用水中需要检测的某种病毒的碱基序列，制成DNA分子探针，同时在该探针上加入可以显色的物质，然后用DNA探针探测饮用水中该病毒的含量。根据DNA分子碱基互补配对原则，如果水质中有该病毒，则该病毒的DNA分子就会和DNA探针进行结合，因为DNA探针上有显色物质，利用显色反应，来判断是否含有该病毒，显色反应越明显，病毒含量也就越多。

27. 如此复制

课程设计：张磊　林晓晨

探索发现

无论是几十年前凶杀案中凶手所遗留的毛发、皮肤或血液，还是历史人物的残骸，甚至是化石中的古生物，只要能分离出一丁点的DNA，就能通过聚合酶链式反应，即PCR技术，将"微量证据"放大，进行比对。让我们一起到中国科技馆四层"挑战与未来"B厅"基因生命"展区，揭开PCR技术的神秘面纱吧！

资源简介

1. 装置简介

本展品主要由互动操作平台和多媒体显示屏组成。操作平台上有原理说明牌、代表碱基的积木、积木识别区域和温度滑杆，显示屏上播放着碱基互补配对原则及PCR的过程等内容。

2. 操作方法

观众可以通过操作平台上的文字介绍，了解PCR原理，也可以通过积木拼接一段要复制的DNA序列，并滑动温度杆，调节合适的温度，亲自参与PCR实验。

3. 现象

观众依照显示屏提示的碱基互补配对原则，用积木拼接DNA序列成功后，显示屏播放PCR的DNA复制过程。

如此复制

1. 什么是PCR？三个字母分别对应什么含义？

2. 在面板操作上标注的三个温度中，可以打开DNA稳定结构的是哪个温度，为什么？

3. 在DNA的复制过程中，只有特定的脱氧核苷酸才能和DNA上的对应位置匹配，这样的一一对应的关系称作什么？

分析解释

PCR的中文名称是聚合酶链式反应，英文全称是Polymerase（聚合酶）Chain（链式）Reaction（反应），是一种对特定的DNA片段在体外进行快速扩增的方法。此种实验方法由穆里斯于1988年发现并推广，由于其对生物学科技的大力推进，获得了1993年的诺贝尔化学奖。

DNA分子中有两条相互盘旋的脱氧核苷酸链，在复制的过程中，盘旋的两条脱氧核苷酸链会解开，分别作为模板进行复制。在体内，这个过程是在解旋酶的催化作用下完成的。而在体外，即PCR过程中，机器会加热到90～95℃，DNA将会在高温下解开双链结构，我们把这个过程称为高温变性。

在PCR的体系中，会加入四种脱氧核苷酸，同学们在实际操作的过程中会发现，腺嘌呤脱氧核苷酸（A）只能和胸腺嘧啶脱氧核苷酸（T）配对，胞嘧啶脱氧核苷酸（C）只能和鸟嘌呤脱氧核苷酸（G）配对，我们把这样的配对现象称之为碱基配对原则。

做一做

模拟DNA复制的过程

1. 实验材料

彩笔，彩色纸张，订书机，剪刀，胶带。

2. 实验步骤

（1）用彩笔在彩色纸张上绘制一段DNA双链结构。

（2）用剪刀将另一种颜色的纸张裁剪成多个大小一致的纸片。

（3）分别在纸片上写出四种脱氧核苷酸的种类。

（4）用剪刀模拟PCR过程中的高温，将DNA的双链解开。

（5）按照碱基互补配对的原则找到与模板上的脱氧核苷酸配对的卡片，用订书机（模拟Taq酶的作用）进行连接。

（6）用胶带将上下相邻的脱氧核苷酸进行连接。

（7）重复第（5）和（6）步，完成另一条链的复制。

📶 扫一扫二维码，登录中国数字科技馆，看看实验过程及现象。

PCR

模板DNA解开双螺旋后，必须在DNA聚合酶的催化下，才能使单个的脱氧核苷酸相互连接，形成新的脱氧核苷酸链，而酶的催化效率必须在合适的温度下才能发挥到最大，如果温度过高，就会改变酶的空间结构，酶就会丧失催化能力。我们之前介绍了PCR的第一步是高温解开DNA的双链，这样的高温会使绝大多数的酶丧失活性。1973年，我国台湾科学家钱嘉韵女士在美国黄石公园热泉中发现并成功分离嗜热细菌海栖热胞菌中的耐高温的DNA聚合酶，命名为Taq酶，它的发现使得PCR过程由理论转变为现实。根据实验过程，我们发现Taq酶的最适温度是72℃，因此在PCR的最后一步，机器的温度会调整到72℃左右，适合新的脱氧核苷酸链形成，我们把这个过程称为适温延伸。

同学们在实际操作的时候发现，PCR的过程不仅有90～95℃的高温变性和72℃的适温延伸，还有55～60℃的低温退火操作，那这个过程又是遵循了什么原理呢？

科研人员通过实验研究发现，Taq酶的催化作用具有一定的特殊性，即它只能催化已形成双链之后的脱氧核苷酸的聚合，为了制造部分双链的结构，以便Taq酶能发挥催化作用，我们需要在体系中加入能和模板DNA的两端碱基互补配对的一小段DNA单链，这一小段DNA单链就是引物。为了使引物能顺利地和模板DNA的两端结合，机器需要将温度下降至55～60℃。

那么，这一阶段的温度为什么需要有一个范围呢？要解释这个问题，我们需要进一步探查DNA的基本单位脱氧核苷酸，我们发现在不同的脱氧核苷酸按照碱基互补配对原则形成碱基对的过程中，稳定性并不相同，即胞嘧啶脱氧核苷酸（C）和鸟嘌呤脱氧核苷酸（G）配对后，相互之间会形成三个化学键；腺嘌呤脱氧核苷酸（A）和胸腺嘧啶脱氧核苷酸（T）配对后，相互之间会形成两个化学键，而前者的稳定性会高于后者。因此如果引物中的C和G的含量高，退火时需要的温度就会较高；C和G的含量低，退火时需要的温度就会较低，低温退火温度的选择需要根据具体的引物组成来决定。

在PCR的第一轮完成后，我们会得到2条和模板DNA结构一致的DNA，当再次进行一轮实验时，我们就有了由2条DNA解开双链后的4条DNA单链作为模板。以此类推，在n次扩增循环后，我们就得到了2^n个和模板DNA结构一致的DNA分子，因此这是一种对特定的DNA片段在体外进行快速扩增的方法。

28. 我来克隆多莉羊

课程设计：王珊珊　刘艳娜

探索发现

大家都听说过"克隆"这个词，其原意指"无性繁殖"，我们现在所说的"克隆"指不经过生殖细胞的受精过程，直接由体细胞进行无性繁殖，并获得与原有生物体基因型完全相同的后代的过程。克隆也可以被理解为复制、拷贝。

大名鼎鼎的多莉羊就是通过克隆技术诞生的，它是世界上第一只克隆羊。那么它的身世是怎样的？克隆多莉羊需要哪些步骤？让我们一起到中国科技馆四层"挑战与未来"展厅探索吧。

资源简介

1. 装置简介

"我来克隆多莉羊"展品位于中国科技馆四层"挑战与未来"B厅的"基因生命"展区。

本展品形象展示了多莉羊克隆的全过程，观众可按步骤操作展台上不同的按钮或旋钮，进行细胞分离、结合、复制的全过程，在操作和观察的过程中，了解克隆的技术实施过程。

我来克隆多莉羊

2．操作方法

（1）按下步骤1中的"开始"按钮，提取第一只羊的乳腺细胞，观察管路和屏幕。

（2）按下步骤2中的"开始"按钮，提取第二只羊的卵细胞，观察管路。

（3）旋转步骤2中的两个旋钮，观察屏幕，将探针对准细胞核，去除卵细胞的细胞核。

（4）按下步骤3中左侧的"开始"按钮，观察管路。

（5）按下步骤3中右侧的"开始"按钮，观察墙内管路和玻璃罩中的屏幕。

（6）按下步骤4中的"开始"按钮，观察管路和屏幕。

3．现象

（1）按下步骤1按钮后，有绿光从第一只羊体内沿输送管路到达显示器，表示第一只羊的乳腺细胞被提取，随后在屏幕上显示对细胞的处理过程。

（2）按下步骤2按钮后，有蓝光从第二只羊体内沿输送管路到达显示器，表示第二只羊的卵细胞被提取。

（3）旋转步骤2旋钮后屏幕上显示的卵细胞的细胞核被探针取出。

（4）按下步骤3右侧按钮后，两条管路中有灯光亮起，表示将两个细胞移入墙内玻璃罩中。

（5）按下步骤3右侧按钮后，墙内管路有白光闪烁，屏幕上显示在电脉冲作用下乳腺细胞的细胞核与去核卵细胞融合成"胚胎细胞"。

（6）按下步骤4按钮后，有红色灯光自墙内玻璃罩传送至第三只羊体内，表示将

"胚胎细胞"移入第三只羊的子宫，最后发育成多莉羊。

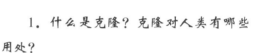

观察思考

1．什么是克隆？克隆对人类有哪些用处？

2．"多莉"有三个母亲，"多莉"的长相最像谁？这个事实说明了什么？

分析解释

克隆指生物体通过体细胞进行无性繁殖，并形成基因型完全相同的后代。克隆也可以理解为复制、拷贝，就是从原型中产生出同样的复制品，它的外表及遗传基因与原型完全相同。人们利用克隆技术可以抢救珍奇濒危动物、推进转基因动物研究、攻克遗传性疾病、研制高水平新药、生产可供人移植的内脏器官等。

1996年在英国诞生了一只克隆羊，取名"多莉"。克隆羊多莉的诞生过程是这样的：科学家先将甲羊卵细胞的细胞核取出，再将乙羊乳腺细胞的细胞核注入甲羊的去核卵细胞中，使得无核的甲羊卵细胞与乙羊的细胞核相融合。这个"胚胎细胞"经过一定时间的培养后，植入丙羊的子宫内进一步发育。多莉出生后，人们看到它长得既不像甲羊也不像丙羊，而与乙羊长得极为相像。这个实验十分有力地证明了细胞核在遗传中的重要作用。细胞核是细胞的控制中心，在细胞的代谢、生长、分化中起着重要作用，是遗传物质的主要存在部位。

模拟克隆过程

1. 实验材料

　　彩纸，笔，剪刀，胶水。

2. 实验步骤

　　（1）用剪刀分别剪出两个直径为10厘米和3厘米的彩色圆圈，模拟细胞A及其细胞核。

　　（2）用剪刀分别剪出两个边长为10厘米和3厘米的彩色图圈，模拟细胞B及其细胞核。

　　（3）将细胞核A与去核细胞B结合，用彩色纸片组合，表示出其子代性状。

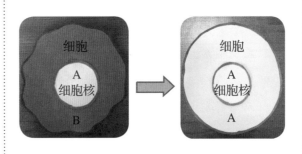

　　（4）将细胞核B与去核细胞A结合，请你推测其子代性状，用纸片组合。

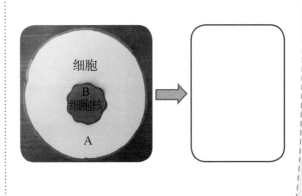

扫一扫二维码，登录中国数字科技馆，看看实验过程及现象。

阅读理解

细胞全能性

通过"我来克隆多莉羊"这件展品可以亲身体验基因克隆的基本过程。"克隆羊"的诞生，在全世界引起了轰动。它的难能可贵之处在于其使用的是动物的体细胞的细胞核，而不是胚胎细胞核。这个结果证明：动物体中执行特殊功能、具有特定形态的所谓高度分化的细胞与受精卵一样具有发育成完整个体的潜在能力。也就是说，动物细胞与植物细胞一样，也具有全能性。

细胞全能性指细胞经分裂和分化后仍具有形成完整有机个体的潜能或特性。

一个活的植物细胞，只要有完整的膜系统和细胞核，它就具有一整套发育成一个完整植株的遗传基础，在一个适当的条件下可以通过分裂、分化再生成一个完整植株，这就是所谓的植物细胞全能性，也是植物组织培养的理论基础。

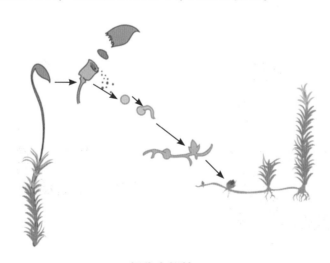

细胞全能性

来源：维基百科

29. 餐桌革命

课程设计：王珊珊　蔺增曦

探索发现

在这个巨变的时代，很多事物都在发生着翻天覆地的变化，转基因技术就将为我们餐桌上的食材带来一场全新的变革，可以治病的牛奶、抗冻的草莓、蛋白含量丰富的大米……这些都不是天方夜谭。想揭开转基因食品的神秘面纱吗？那就走近中国科技馆四层的"餐桌革命"一探究竟吧。

资源简介

1. 装置简介

"餐桌革命"展品位于中国科技馆四层"挑战与未来"B厅的"基因生命"展区。

本展台有两个屏幕，一面屏幕内容以超市为场景，另一面屏幕以农场为场景，每一面屏幕都配有"开始"按钮和几个印有转基因食品图案及名称的塑料卡片。观众可按照动画场景提示进行操作，了解不同转基因食品的特点。

2. 操作方法

（1）按下展台上的"开始"按钮。

（2）按照屏幕上动画场景中的提示，选取正确的印有转基因食品图案的塑料卡片放到桌面感应区域。

（3）观看屏幕，了解该种转基因食品的知识。

3. 现象

（1）按下"开始"按钮后，屏幕上以动画形式呈现超市或农场场景，并有动画人物与观众互动。

（2）根据动画人物提示，将塑料卡片放到感应区域后，如果所选卡片正确，则屏幕上会出现该种转基因食品的介绍，如果选择错误，也会有相应提示，请观众重新选择。

餐桌革命

1．什么是转基因食品？

2．转基因是如何实现的？

分析解释

所谓转基因，即指通过基因工程技术将一种或几种人们所需的外源基因转移到某种特定的生物体中，并使其有效地表达出人们所需要的产物的过程。以转基因生物为原料加工生产的食品即为转基因食品。下面我们以抗冻草莓为例，看看基因是如何从一种生物转移到另一种生物体内的。

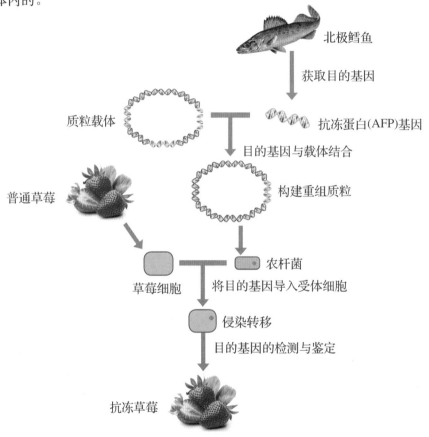

北极鳕鱼

获取目的基因

抗冻蛋白(AFP)基因

质粒载体

目的基因与载体结合

构建重组质粒

普通草莓

草莓细胞

农杆菌

将目的基因导入受体细胞

侵染转移

目的基因的检测与鉴定

抗冻草莓

转基因工程流程图

北极鳕鱼的血清中存在抗冻蛋白，能够让北极鳕鱼在北极寒冷的水域中生活，控制这种抗冻蛋白表达的基因称为抗冻蛋白基因。质粒是一种独立于细菌染色体外的能自我复制的环状DNA分子，以质粒为载体，将抗冻蛋白基因与质粒结合，再将重组的质粒通过农杆菌导入草莓细胞，将被农杆菌侵染的草莓细胞进行组织培养，经鉴定和筛选后，最终培育成抗冻草莓，其可耐低温储存。

转基因动物和转基因植物进行目的基因导入的方法不同。植物一般采用农杆菌转化法或基因枪法将目的基因导入受体细胞，而动物一般采用显微注射法将目的基因注入受精卵，在受精卵发育形成胚胎后，将整合了外源基因的胚胎移植至受体动物的子宫内，最后发育成转基因动物，以此培育具有优良性状的新品种，如转入生长素基因的猪，生长速度和肉的质量都有了大幅提升。人们还可以从转基因动物的乳汁和血液里获得基因产物，以此制备各种基因产品。

调查主题

我们平时所买的食品中，有没有转基因食品。

到我们附近的超市里去找一找哪些食品是转基因食品，哪些商品中包含转基因生物成分。

扫一扫二维码，登录中国数字科技馆，看看实验过程及现象。

阅读理解

转基因食品

1983年世界上第一例转基因植物试验成功，1985年转基因鱼问世，拉开了转基因食品生产的序幕，短短十几年间，各国已试种的转基因植物超过4500种，已有90种被批准进行商业化种植。我国在20世纪80年代也开始了对转基因技术的研究，近年来取得了很大的进展。进入21世纪以来，转基因食品的快速发展使得人们对转基因食品的安全性产生了种种疑虑，转基因食品也日益成为了人们关注和讨论的热点问题。以下是关于转基因作物种植利弊观点分析。

利

1. 保护环境

种植抗虫害转基因作物可降低农药的使用，减少农作物和环境中的农药残留，降低污染。

2. 低成本高产量

种植抗虫害转基因作物能降低农药消耗，种植抗除草剂转基因作物能节省劳动力。成本降低的同时农作物产量提高，美国种植的抗钻心虫转基因玉米在1996年和1997年连续两年的产量均提高了9%；种植抗虫害水稻的平均增产量为6%。

3. 提高安全性

首先，其降低了农药残留对人类身体健康的危害。其次，在监管方面，转基因食品在上市前要经过极为严格的检测，而用传统育种方法培育出的新品种很少被要求做这样的检测，但它们并非不存在安全问题。如有些用传统方法培育出的土豆新品种，毒素含量高，会对人体造成伤害，因此被批准商业化的转基因食品安全系数要高一些。

4. 提高食品品质和营养价值

通过转基因手段抑制或去除洋葱刺激性的酶，可以消除洋葱的刺激性，但不会影响其味道和营养成分。转基因的谷物食品的赖氨酸含量高，可提高营养价值等。

弊

1. 对人类身体健康存在潜在风险

1998年，苏格兰一家研究所公布：用转基因马铃薯饲养大鼠，会引起大鼠器官生长异常、体重减轻、免疫系统受损。虽然报道并未进一步考证，但是反映了转基因食品对人类健康存在伤害的风险。但是这些转入的基因是否真的会带来伤害，目前还没有足够的证据来证明。转基因食品出现的时间不长，还存在很多不确定因素，因此现在就得出有或没有危害的结论还为时尚早。

2. 对生态环境和生物多样性的影响

英国《自然》和美国《科学》杂志都发表过关于转基因对生态环境的负面影响的科学研究论文，认为转基因作物有减少生物多样性、破坏生态环境的可能性。目前转基因动物、植物和微生物发展迅速。许多变异、重组和修饰的基因，走出了封闭的试管和实验室，堂而皇之地进入了自然界、进入了食物链，可能对自然界的生物和生态系统产生危害。如转入了抗虫或抗菌基因的作物除了对目标生物起作用外，还可能对非目标生物起作用。用转基因抗虫玉米喂食钻心虫（玉米害虫）和草蛉（益虫）时，钻心虫死亡率高达60%，与此同时，草蛉的成熟期也推迟了3天。

任何一种新技术的发展都会面临很多的挑战，对转基因食品的问题我们应理性看待，而非盲目听从某一方的言论观点，全面接受或全盘否定都是不可取的。

基因问题的显现周期要比普通健康问题漫长，需要耐心、科学地验证其安全性。随着技术的进步推动社会不断向前发展，人们对转基因食品的认识进一步深入，相信我们最终会作出关于转基因食品的最明智的判断和选择。

30. 自然选择

课程设计：曹朋 张林

探索发现

在漫长的岁月中，地球上的生命从最初最原始的形态逐渐演化为几百万种生物形态。在这个过程中，适者生存、优胜劣汰，这就是我们常说的自然选择。那么，自然选择是如何发生的？又是什么因素在这个过程中发挥了重要的作用？一个游戏或许就能解开这其中的秘密！

资源简介

1. 装置简介

展品由射击操作台和投影屏两部分组成。观众通过射击完成游戏任务。如小兔子的游戏要求观众凭第一反应迅速击中屏幕上随机出现的两种颜色的兔子，被击中的兔子会在屏幕中消失。游戏结束后，由所打到的兔子数量的多少决定两名观众的胜负。与此同时，屏幕显示被击中兔子中灰色和白色的只数及其比例，从中观众可以了解到大自然优胜劣汰、适者生存的道理。

2. 操作方法

按"开始"按钮参与射击游戏，瞄准生物射击，检验游戏成果。

3. 现象

通过参与射击游戏，观众可以更直观地体会到动物身体颜色变异对自然选择的影响。

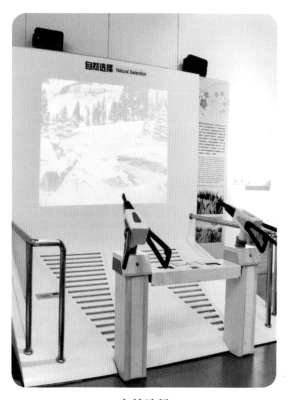

自然选择

1．作为猎食者，你发现什么体色的生物个体更容易被捕食？为什么？

2．同种生物不同体色的个体是什么原因产生的呢？

3．经过多代繁殖后，哪种体色的生物个体会更多地生存下去？为什么？

分析解释

作为猎食者，你会发现，无论捕食何种生物，总是体色与原有环境相似的个体不易被捕食，而体色与环境差异较大的个体容易被捕食。

动物具有与周围环境色彩非常相似的体色被称为保护色。保护色的形成可以用达尔文的自然选择学说来解释。达尔文认为，地球上的生物普遍具有很强的繁殖能力，能够产生大量的后代。如，象是一种繁殖很慢的动物，但是如果每一头雌象一生（30～90岁）产仔6头，每头活到100岁，且都能进行繁殖的话，那么750年后，一对象的后代就可达1900万头。但事实上，每种生物的后代能够生存下来的很少，这是因为在自然界中，生物赖以生存的环境（食物和空间等）是有一定限度的，因此任何生物在生活过程中都必须为生存而斗争。这种生物个体之间（种内或种间）的相互斗争，以及生物与无机环境（寒冷和干旱）之间的斗争就称为生存斗争。很多生物会在生存斗争中被淘汰，只有少量个体生存下来。那么在生存斗争中，什么样的个体能够获胜并生存下来呢？我们知道，生物都具有遗传稳定特性，如猫生下来的总是猫，玉米的后代总是玉米。但同种生物个体之间都存在或多或少的差异，这说明生物又具有产生变异的特性。生物的变异，有的对生物的生存有利，有的则对生物的生存不利。具有有利变异的个体容易在生存斗争中获胜而生存下去；反之，具有不利变异的个体则容易在生存斗争中失败而死亡。在生存斗争中，适者生存、不适者被淘汰的过程叫作自然选择。自然选择是通过生存斗争来实现的，生物的适应性是自然选择的结果。

按照达尔文自然选择学说的观点，保护色的形成过程是这样的：某种生物的体色由于变异存在个体差异，有的与环境相似，有的与环境差别较大。在繁殖过程中，不同个体分别将各自体色的特征遗传给后代。在生存环境条件不变的情况下，体色与原有环境相似的个体不易被天敌捕食，体色与环境差异较大的个体则容易被天敌捕食，从而被淘汰。经过多代遗传，体色与环境相似的个体越来越多，而这种体色就是在自然选择中形成的该种生物的保护色。

1. 实验材料

小鸡1只，黑米（黑色）、红米（土黄色）、白米若干，A3白纸、黑色卡纸各一张，鞋盒一个（防止小鸡四处走动，影响实验结果）。

2. 实验步骤

实验一：探究不同颜色背景的保护色作用

（1）取各色米粒各30颗，混合均匀后散放于鞋盒中的白纸上，将饥饿的小鸡放在白纸上，任其啄食米粒。1分钟后，将小鸡移出，统计剩下的各种米粒的数量，并记录。按以上步骤重复3次。

（2）将白纸换成黑色卡纸，再重复以上实验的步骤，同时统计剩下的各种米粒的数量，对比不同颜色背景下剩下的各种米粒的差异。

实验二：探究进化过程中多代后的不同颜色个体的数量变化

（1）先重复实验一的步骤（1），记录好剩下的各种米粒的数量，代表第一代的"幸存者"数量。

（2）假设每个"幸存者"都产生3个后代，而且颜色与亲本相同，按此规律补充相应的米粒数，做好各色米粒数目的统计。随后将饥饿的小鸡放在白纸上，任其啄食米粒。1分钟后，将小鸡移出，统计剩下的各种米粒的数量，代表第二代的"幸存者"数量。

（3）重复上述步骤，记录第三代后各色米粒的"幸存者"数量。

📱 扫一扫二维码，登录中国数字科技馆，看看实验过程及现象。

自然选择的实验证据

20世纪50年代，英国科学家做了如下的实验：将暗黑色蛾和灰白色蛾分别标记后放养在工业区（伯明翰）和没有污染的非工业区（多赛特）。经过一段时间后，将其释放的蛾尽量收回，统计其数目，统计结果如下表。

实验地区	灰白色蛾			暗黑色蛾		
	释放数（只）	回收数（只）	回收率（%）	释放数（只）	回收数（只）	回收率（%）
伯明翰（工业污染区）	64	16	25	154	82	53
多赛特（非工业区）	393	54	13.7	406	19	4.7

实验结果显示，工业污染区暗黑色蛾的回收比例远高于灰白色蛾，而在没有污染的非工业区，灰白色蛾的回收比例远高于暗黑色蛾。这就说明，环境对生物性状具有明显的选择作用。

31. 蛋白质舞蹈

课程设计：曹朋 李亚辉

探索发现

蛋白质是构建我们身体的重要物质，消化食物的酶是蛋白质，调节身体功能的荷尔蒙是蛋白质，甚至细胞周围的膜也是蛋白质。蛋白质是一条长链，由20种不同的氨基酸序列组合而成。而氨基酸则由RNA序列中三个碱基指挥合成。要形成一个蛋白质，需要几百个甚至上千个氨基酸类化合物按照一定顺序链接在一起。那么它们遵循怎样的编译规律呢？快来中国科技馆四层"挑战与未来"B厅通过"蛋白质舞蹈"这件展品来了解胰岛素蛋白的合成过程吧！

资源简介

1. 装置简介

展品以跳舞机的形式，将信使RNA的四个碱基AUCG设计为对应舞蹈机的上下左右四个踏板。观众以合成胰岛素蛋白为目标，按照指定的蛋白质合成规则，随着乐曲踩踏踏板，完成胰岛素蛋白的合成过程。

2. 操作方法

观众根据屏幕上出现的密码子序列踩踏舞蹈机上对应的AUCG四个踏板。

3. 现象

展品屏幕通过动画演示氨基酸一个接一个被链接。每当观众踏出氨基酸的三联密码时，屏幕中会出现对应密码的氨基酸。随着舞曲的进行，右侧的氨基酸链不断加长，动态地展示蛋白质的结构，直到遇到停止密码时结束。

蛋白质舞蹈

分析解释

蛋白质是结构和功能多种多样的生物大分子, 然而所有的蛋白质都是由20种氨基酸组成。不同氨基酸的组合和排列顺序, 最终导致蛋白质的结构不同。如构成甲状腺素视黄质运载蛋白的氨基酸序列与构成溶菌酶的氨基酸组合和序列不同, 使得两者的结构不同, 最终其行使的功能也不尽相同。存在于眼泪和白细胞中的溶菌酶, 能够溶解某些细菌的细胞壁, 进而起到杀菌作用, 是由天冬氨酸、色氨酸等127个氨基酸按照一定的顺序排列形成的。这127个氨基酸相互结合盘旋扭曲形成球形, 这样的形状恰好保证了其能够准确地识别并结合细菌的细胞壁, 最终将其溶解。甲状腺素视黄质运载蛋白能够运送甲状腺素和维生素A。它是由4条多肽链组成的, 每条多肽链是由127个氨基酸组成的。它最终也形成了球状结构, 但该球状结构外部有亲水基团, 这些基团的存在有助于结合甲状腺素和维生素A。

AUCG代表四种不同的碱基, A代表腺嘌呤脱氧核苷酸, U代表脲嘧啶脱氧核苷酸, C代表胞嘧啶脱氧核苷酸, G代表鸟嘌呤脱氧核苷酸。每3个碱基构成一个三联体, 每个三联体对应相应种类的氨基酸, 一种氨基酸可以由不同的三联体决定。这种三联体被称为密码子, 无论是病毒还是动植物都是通用的。如UUU决定苯丙氨酸, ACC决定苏氨酸, 但是UAA、UAG、UGA为终止密码子, 不能决定任何氨基酸。因此, 四种碱基最终能够决定20种氨基酸, 它们分别是赖氨酸、色氨酸、亮氨酸、甲硫氨酸、苯丙氨酸、异亮氨酸、丝氨酸、缬氨酸、脯氨酸、苏氨酸、丙氨酸、酪氨酸、组氨酸、谷氨酰胺、天冬氨酸、半胱氨酸、精氨酸、甘氨酸、谷氨酸、天冬酰胺。

扫一扫二维码, 登录中国数字科技馆, 看看实验过程及现象。

DIY制作碱基序列

1. 实验材料

彩笔，硬卡纸，毛线绳，剪刀，曲别针。

2. 实验步骤

（1）用剪刀将纸张裁剪成边长为3厘米的正方形卡片。

（2）用不同颜色的彩笔对卡片进行涂色，不同颜色分别代表不同的碱基。

（3）任意排列碱基的位置，并用曲别针将卡纸固定在毛线绳上。

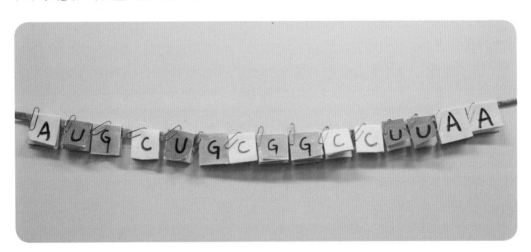

（4）一组特定的碱基序列制作完成。

蛋白质的功能

蛋白质是由氨基酸组成的多聚体，是重要的生物分子，更是一切生命的物质基础。人体中有数万种不同的蛋白质，各自有其独特的结构和功能。如果蛋白质受到加热、加压、紫外线照射或强酸、强碱、尿素、重金属盐等因素的影响时，它的结构可能会发生改变，最终可能会导致其功能的丧失。在生物体中，每一项生命活动都有蛋白质的参与。根据蛋白质在机体内的功能，可将其分为七大类。

（1）收缩蛋白：肌肉的运动需要收缩蛋白与肌腱共同作用。

（2）贮藏蛋白：鸡蛋中的卵清蛋白就是动物卵中的贮藏蛋白，其会给发育中的胚胎提供营养。另外，植物的种子中也有许多贮藏蛋白，它们为种子萌发提供了养料，也是我们食物中重要的蛋白质来源。

（3）防御蛋白：人体在免疫过程中会产生抗体，抗体就是一种防御蛋白，存在于血液中负责与病原体做斗争。

（4）转运蛋白：人体的血液中存在血红蛋白，它能够与氧气结合，把氧气从肺部转运到身体的其他部位。

（5）信号蛋白：信号蛋白能够将身体细胞产生的信号从一个细胞传递到另一个细胞。如控制人体生长的生长激素、甲状腺激素等。

（6）结构蛋白：这类蛋白是组成细胞结构的基础，如哺乳动物的毛、发、肌腱、韧带，蚕和蜘蛛吐出的丝等都是由蛋白质组成的。

（7）酶：酶是生物体内最重要的蛋白质，它是生物体内的催化剂，促进各种生化反应的进行。

32. 生个健康的孩子

课程设计：唐剑波　林晓晨

染色体是人类遗传信息的载体，人类染色体除了男性的性染色体外，其他染色体都是成对存在的，且这些染色体都互为同源染色体。每对同源染色体相对应位置上的基因称为等位基因，而基因又分为显性基因和隐性基因两种。如若一个婴儿得了双隐性基因决定的遗传病，其要从其父母处继承两组相同的遗传病基因才会患上遗传病，例如血色素沉着病、囊肿性纤维化病、镰状细胞病等。如果父母都只有一个疾病基因和一个健康基因（即遗传病基因携带者），那么这个婴儿就只有1/4的几率同时得到这两个疾病基因而患病。目前，能够遗传给子代的基因病、染色体病有8000多种。那么，怎样才能生个健康的孩子呢？什么又是"胚胎移植前基因诊断（PGD）"技术呢？一起来中国科技馆四层"挑战与未来"B厅"基因生命"展区一探究竟吧！

资源简介

1. 装置简介

如图所示，这件展品以帮助一对夫妇做胚胎植前基因诊断为故事线，以常染色体隐性遗传病为知识点，向我们介绍胚胎植前基因诊断在优生优育中的应用。在展板的下侧有一个转轮，我们可操作转轮，观察随机掉落的球体，红球代表健康基因，白球代表致病基因。此外，还有两个动画观察孔。

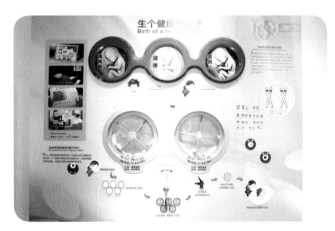

生个健康的孩子

2. 操作方法

转动转轮，通过掉落的小球判断张先生和张太太的婴儿是健康儿、携带者还是患病儿吗？

透过动画观察孔观看3D仿真动画，了解胚胎发育、基因检测和移植过程，并通过展板了解基因诊断在优生优育中的应用。

3. 现象

胚胎移植前基因诊断（PGD）技术指从体外受精的胚胎中取1～2个细胞在种植前进行基因分析，并选择基因正常的胚胎，移植到子官内继续妊娠的技术。这种检测基因的技术，可以帮助一对携带遗传病基因的夫妇生出一个健康的孩子。

观察思考

1. 人体发育的起点——受精卵，是由哪两个细胞结合而成的？

2. 同一个人的精子或卵细胞中的遗传信息是否完全一致？

3. 如果父母双方都是健康的，他们的孩子是否一定是健康的？

扫一扫二维码，登录中国数字科技馆，看看实验过程及现象。

分析解释

生命的起始源自一个名为受精卵的细胞，受精卵经过不断地分裂和分化，形成各种形态、结构和功能均不相同的细胞，进而构成人体的各个组织、器官和系统，最终形成一个完整的个体。受精卵中共有46条染色体，所以由受精卵分裂而得的每一个体细胞都含有与受精卵完全一致的遗传信息。因为由父亲的细胞和母亲的细胞结合产生的下一代，其细胞中也是46条染色体，所以在双亲的细胞结合前，它们各自的染色体一定进行了一次"减半"处理，而这个过程就是细胞的减数分裂。

减数分裂发生在人体的生殖器官内，男性是在睾丸中，女性是在卵巢中。人体体细胞中的46条染色体，按照形态、结构和功能进行分类，可以均等地分成两组，每一组染色体都含有23条染色体，同一编号下的两条染色体在同一位置上具有决定同一个性状的基因，如眼皮的褶皱（是否为双眼皮），而同一位置上的遗传物质的信息可以是相同的，也可以是不同的。通过减数分裂，这两组遗传物质被分开，若这两组遗传物质所包含的遗传信息存在差异，则在减数分裂形成的生殖细胞中就会包含不同的遗传信息。

因为决定同一性状的遗传信息分别来自父亲和母亲的两条染色体，当二者的遗传信息不一致时，子代的性状要和哪个亲本保持一致呢？以眼皮的性状为例，有决定单眼皮的基因a和决定双眼皮的基因A，当父亲提供的精子中所含的基因和母亲提供的卵细胞中所含的基因均为A时，子代性状为双眼皮，都为a时则为单眼皮，当二者提供的基因不一致时，由于双眼皮A基因会掩盖单眼皮a基因的表达结果，所以子代会表现出双眼皮。我们将这种遗传效应更强的基因称为显性基因，遗传效应较弱的基因称为隐性基因。

综上所述，如果父母双方都是健康的，我们也无法判定他们的孩子一定健康。以白化病为例，决定健康的基因是B，决定生病的基因是b，基因B为显性基因，遗传效应更强。健康人体内的基因组成可以是BB（纯合子），也可以是Bb（杂合子）。如果父亲和母亲的基因型均为杂合子Bb，那父亲可能会产生含有b的精子，母亲也可能会产生含有b的卵细胞，这样的精子和卵细胞相遇后，就会形成基因组成为bb的受精卵，这样的受精卵发育而成的个体就是一个生病的患者。

基因的自由组合

1. **实验材料**

　　红色纸张，白色纸张，两个纸箱，笔，剪刀。

2. **实验步骤**

　　（1）用剪刀将两个颜色的纸张裁剪成大小完全一致的纸片。

　　（2）在红色纸片上写上代表健康基因的字母B，在白色纸张上写上代表疾病基因的字母b，然后将纸片折叠整齐一致。

　　（3）在两个纸箱上分别写上父亲和母亲，分别代表产生精子和卵细胞的场所。

　　（4）每一个纸箱中放入相同数量的红色纸片和白色纸片，充分摇晃，混合均匀。

　　（5）每一次分别从代表父亲的纸箱和代表母亲的纸箱中取出一个纸片，记下字母的组合（BB、Bb、bb）。

　　（6）重复第（5）步操作100次。

　　（7）计算BB、Bb和bb出现的概率。

《中华人民共和国婚姻法》中第一章第六条明确规定，直系血亲和三代以内的旁系血亲禁止结婚。那什么是直系血亲？什么是旁系血亲？近亲之间为什么不可以结婚呢？

如下图所示，法律规定的不可以近亲结婚的范围包括如下：红色部分为直系亲属，白色部分为三代以内的旁系血亲。

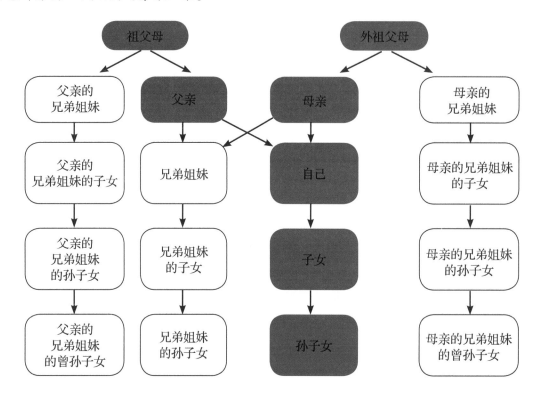

据世界卫生组织估计，每个人均携带有5～6种隐性遗传病的致病基因。随机婚配（非近亲婚配）时，由于夫妇二人无血缘关系，相同的基因很少，他们所携带的隐性致病基因不同，因而不易形成隐性致病基因的纯合体（患者）。而近亲结婚的夫妇，会从共同祖先获得较多的相同基因，容易使对生存不利的隐性致病基因在后代中相遇（即纯合），因而容易生出隐性基因纯合病的孩子。

33. 帮他站起来

课程设计：张磊 李亚辉

近年来，"干细胞""脐带血"等词汇越来越多地出现在社会的热门话题中，干细胞被医学界称为"万用细胞"。那么试想，如果把神经干细胞"种"进大脑，让它到需要的地方"修修补补"，是不是就能帮助瘫痪的老爷爷重新站起来呢？让我们一起到中国科技馆四层"挑战与未来"B厅"基因生命"展区，看看神经干细胞是不是真的如此神奇吧！

资源简介

1. 装置简介

本展品由灯箱、人脑模型、互动手柄和显微镜视频组成，通过先进的微创手术立体展示模式，让手术医生带领观众进入大脑的微观世界。同时，观众还可以亲自动手对患者进行神经干细胞治疗，并在立体环境下观察干细胞对脑神经进行修复的全过程。

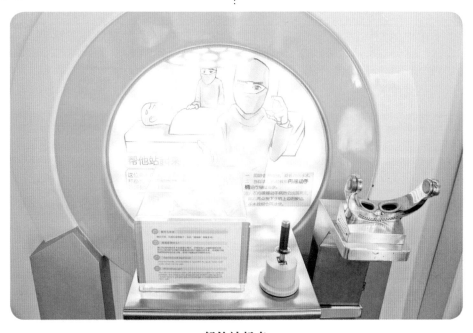

帮他站起来

2. 操作方法

用眼看显微镜，观看微创手术视频，当出现提示时，摇动手柄进行细微观察。当持续摇动手柄后出现亮光，按下手柄上的按钮，手术视频会继续。

3. 现象

视频带领观众进入患病老爷爷的大脑世界，观看神经细胞，并寻找致病位置，转入神经干细胞后，观看受损神经修复的过程。

观察思考

1. 当人类由于小脑萎缩导致无法站起来时，能否通过医学手段帮助其站起来？

2. 利用医学手段帮助患者重新"站起来"的原因是什么？

📶 扫一扫二维码，登录中国数字科技馆，看看实验过程及现象。

分析解释

在相当长的时间里，人们都认为脑和脊髓是不能自我修复的。但近年来科学家在大脑中却发现了能够发育成神经细胞的干细胞，这些干细胞能够分化出新的神经细胞以修复大脑中的神经损伤。2004年海军总医院神经外科田增民等医生已经成功为小脑萎缩患者移植了人神经干细胞。手术中他们先在体外对人神经干细胞进行分裂增殖，然后将其移植入神经缺损部位，在局部微环境的作用下分化成相应的受损细胞。

组成生物体的细胞至少有二百种，它们千姿百态、大小不一、功能也不尽相同。在形态上，它们多呈球形，有的呈梭形，如肌肉细胞，也有的具有长长的突起，如神经细胞；在功能上，它们有的能够协助氧气运输，如红细胞，有的能够起到保护作用，如上皮细胞。这些种类各异的细胞都是由受精卵增殖、分化来的。受精卵经过细胞分化产生不同的细胞群，这是基因选择性表达的结果，细胞通过选择性地表达各自特有的专一性蛋白质，导致其形态、结构和功能发生改变。神经干细胞具有一定的分化潜能，能够在大脑中分化出不同的神经细胞，其中包括受损的脑细胞，医生就是利用这个原理来治疗脑萎缩的。

动手制作神经细胞模型

1. 实验材料

硬纸片，彩笔，剪刀，胶水。

2. 实验步骤

（1）用剪刀剪出神经元模型如下图，并用不同颜色的彩笔涂色。

（2）用黑笔描摹出黑色小圆点，模拟神经元的细胞核。

（3）用胶水将其各个部分连接起来。

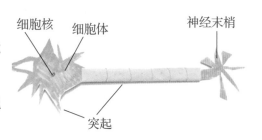

细胞分化与影响细胞分化的因素

细胞分化简言之是在个体发育过程中细胞之间产生稳定差异的过程，它与细胞核的全能性、基因的选择性表达有关，同时也受到细胞质及外界环境的影响。任何个体都是由许多在形态和功能上不同的细胞组成的，它们是构成组织、器官、系统的基本单元。这些具有不同形态和功能的细胞是通过分化过程形成的。如下图中可以看出多能干细胞能够同时分化出神经细胞、血红细胞、心肌细胞等。

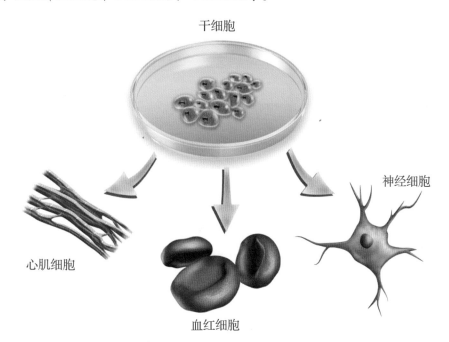

细胞分化是生物体生命活动中的一个极为复杂的过程，影响它的因素涉及细胞生命活动的多个环节。第一，细胞外的信号分子可以影响细胞的分化。如激素能够影响蝌蚪细胞分化的方向进而影响其变态发育。第二，细胞记忆。虽然胞外信号分子作用时间短，但细胞却可以储存这些信号刺激而产生记忆，进而使得细胞向特定的方向分化。第三，受精卵细胞质的不均一性。人类卵细胞中蛋白质的分布是不均匀的，各种蛋白质在卵细胞中的定位分布，奠定了细胞分化的基础。第四，细胞间的相互作用与位置效应。实验证明，改变细胞所处的位置可影响细胞分化的方向改变。第五，环境对性别的决定。很多爬行动物受环境因素的影响具有不同的性别。如澳洲松狮蜥在雌性孵化温度下，拥有雄性基因型的胚胎可发育成表型为雌性的后代。

34. 病毒入侵

课程设计：王珊珊 刘艳娜

探索发现

病毒这种微生物对人类来说非常渺小，但它们对于生物的影响却非常巨大，它们是导致动植物患病的主要原因之一。病毒是如何致使其他生物患病的？通过中国科技馆四层的"病毒入侵"展品，你会对病毒这种特殊的生物拥有更进一步的了解和认识。

资源简介

1. 装置简介

"病毒入侵"展品位于中国科技馆四层"挑战与未来"B厅"基因生命"展区。

本展品使观众在交互过程中，通过形象的、趣味性的动画形式了解六种病毒的相关知识，如病毒的特征形态、病毒将会感染的宿主以及宿主感染病毒后的相应症状等。

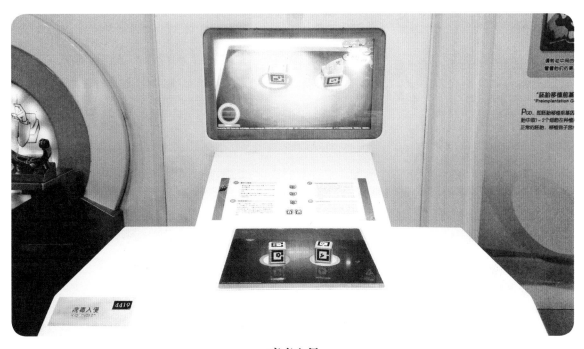

病毒入侵

2．操作方法

（1）翻转展台上的蓝色魔方选择不同种类的病毒，观察屏幕。

（2）移动蓝色魔方至屏幕左下角的圆环内，观察屏幕。

（3）翻转展台上的橘红色魔方选择与病毒相对应的宿主，观察屏幕。

（4）将蓝色和橘红色魔方轻撞在一起，观察现象。

3．现象

（1）翻转蓝色魔方选择某种病毒后，屏幕上会显示该种病毒的简略信息。

（2）选中蓝色魔方上的某种病毒并将魔方放入屏幕左下角圆环中后，屏幕上将出现该种病毒的详细信息。

（3）翻转橘红色魔方选择某种宿主后，屏幕上会显示该种宿主的简略信息。

（4）将两个魔方轻撞在一起后，屏幕上会显示宿主感染病毒后的病变反应。

观察思考

1．病毒有哪些形态及传播方式？

2．病毒是如何进行分类的？

分析解释

病毒的个体非常微小，只能在电子显微镜下才能看到，以至于要用纳米这个长度单位来度量。病毒大小一般为20～450纳米。病毒的形态多种多样，有球状、杆状、丝状；有些病毒呈冠状，外观形态似日冕，如SARS病毒、禽流感病毒；有些病毒类似子弹形，如病毒性出血败血症病毒；有些病毒甚至有复杂的机器人形状，如噬菌体等。

病毒的传播方式多种多样，不同类型的病毒有不同的传播方式，植物病毒如马铃薯病毒可以通过植物汁液传播，主要媒介是蚜虫；动物病毒如SARS病毒可以通过飞沫等传播；禽流感病毒主要通过呼吸道传播；流感病毒可以通过咳嗽或打喷嚏来传播；此外，艾滋病毒则可以通过血液、性接触等传播。

病毒具有若干种分类方法，由于其侵染其他生物具有特异性，因此人们常常根据病毒所侵染的宿主不同对病毒进行分类，如动物病毒、植物病毒、真菌病毒、细菌病毒等。在SARS病毒、埃博拉病毒、禽流感病毒、马铃薯病毒、杆状病毒、病毒性出血败血症病毒六种病毒中，SARS病毒、埃博拉病毒的宿主是人类，禽流感病毒的宿主是禽类，马铃薯病毒主要宿主是马铃薯，杆状病毒主要宿主是节肢动物，病毒性出血败血症病毒主要宿主是鱼类。

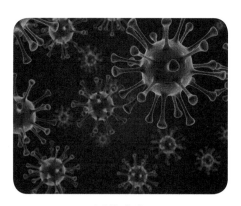

冠状病毒

扫一扫二维码，登录中国数字科技馆，看看实验过程及现象。

一枚硬币上能容纳多少病毒

1. 实验材料

硬币，尺子等。

2. 实验步骤

（1）拿一枚硬币，预估一下这枚硬币可容纳多少病毒。

（2）用尺子量出硬币的直径，并算出硬币的面积。

$$面积 = \pi \times 半径^2$$

（3）假设一个病毒粒子的直径为200纳米，计算病毒的面积。

（4）用第2步计算的硬币面积除以一个病毒粒子的面积，从而求出一个硬币上容纳的病毒数量。

注意：计算过程中要将单位进行换算：1毫米=10^6纳米。

（5）尝试使用此方法计算生活中其他物体上可容纳的病毒数。

阅读理解

埃博拉病毒

"埃博拉"是刚果北部的一条河流的名字。1976年，一种不知名的病毒光顾这里，疯狂地虐杀埃博拉河沿岸五十五个村庄的百姓，致使数百生灵涂炭，有的家庭甚至无一幸免，埃博拉病毒也因此而得名。事隔三年（1979年），埃博拉病毒又肆虐苏丹，一时尸横遍野。

埃博拉病毒长度为80纳米，直径为50～60纳米，呈管状和可变形状，利用电子显微镜对埃博拉病毒的研究显示，埃博拉病毒的形状宛如中国古代的"如意"，其病毒粒子也有的呈"U"字形、"6"字形、缠绕、环状或分枝形。

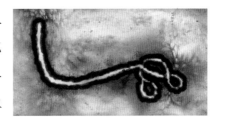

埃博拉病毒主要是通过血液、唾液、汗水和分泌物等传播。感染者的表现症状为突然出现高烧、头痛、咽喉疼、虚弱和肌肉疼痛，然后是呕吐、腹痛、腹泻。发病后的两星期内，病毒外溢，导致人体内外出血、血液凝固、坏死的血液很快循环至全身的各个器官。

35. 海洋生物与医药资源

课程设计：张磊　刘天旭

探索发现

在日常生活中，我们对餐桌上的海洋生物了解较多，而对它们的其他用途了解甚少。其实，海洋生物不仅具有独特的营养价值，还是难得的医药资源。让我们一起到中国科技馆四层"挑战与未来"B厅"海洋开发"展区一探究竟吧！

资源简介

1. 装置简介

本展品主要由海洋生物模型、灯箱及多媒体显示屏组成，展示了海洋生物及医药资源。两套操作系统可供两名观众同时参与展品互动。

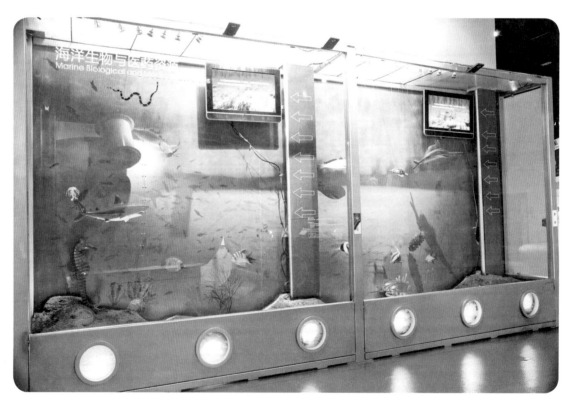

海洋生物与医药资源

2．操作方法

通过按钮操作显示屏升降，观看视频播放的内容。

3．现象

随着显示屏上升或下降，视频播放不同海水深度的海洋生物与医药资源的相关知识，其中的海洋生物包括海蛇、黄鱼、鲨鱼、褐藻、对虾和旗鱼等。

观察思考

1．海洋生物的生存面临哪些挑战？
2．这些生物与我们的生活有什么联系？

观察海带

1．实验材料
　海带。

2．实验步骤

（1）购买完整的海带，如果是干海带可用水浸泡。

（2）观察完整的海带个体可以分为哪几部分。

（3）查阅资料，了解海带的营养和医学价值。

分析解释

海洋，其总面积约为3.6亿平方千米，约占地球总表面积的71%，平均水深约3795米，最深处达10911米。其中生物种类众多，原核生物界、原生生物界、真菌界、植物界和动物界的生物都有分布。我国幅员辽阔，海域中生物资源十分丰富。据1994年统计，中国海域生物共17511种。随着科技手段和研究方法的进步，目前有记录的中国海洋生物种类已达2.8万余种。相信，随着进一步对海洋的探索，还会有更多的生物种类被我们发现。

这么多的海洋生物都要面对一个广阔而富有挑战性的环境——海洋。经过漫长的演化，很多生物都进化出了适应环境的独特特征。对于很多海洋生物而言，它们和陆地生活的生物一样，都需要氧气来进行能量代谢。而海水中的氧气含量比空气中低得多，这就需要生物具有相应的呼吸器官或结构，比如海洋动物特殊的鳃或肺、藻类扁平片状的身体等。海洋与陆地相比，水并不缺乏，但是却含有较多的盐分，部分陆地生物如果直接饮用海水，由于细胞的渗透压，反而会导致身体缺水。因而，海洋生物在饮水的同时，还要对体内盐含量有相应的调节能力。不同的深度、不同地区海水的光照情况、温度、盐度和压力等都不相同，同时，海洋生物的生存空间比起陆地生物更加立体，食物和威胁可能来自各个方面，生活在其中的海洋生物常具有不同的结构特征和生理习性。

扫一扫二维码，登录中国数字科技馆，看看实验过程及现象。

阅读理解

太阳光射入海洋中，逐渐被海水吸收，因此深海中漆黑一片，太阳光以外的光源对于生物就具有了非常重要的意义。一些生物便以发光的形式识别同类，还有一些可以通过发光来引诱猎物或恐吓天敌。

各种不同的发光生物，具有不同的发光结构。有些海洋生物，自身具有发光器官、组织或细胞，而有一些海洋生物发出的光，实际上是与它共生的细菌发出的光。这两种发光类型都属于细胞内发光，单细胞的甲藻和放射虫，以及许多具有特化的发光器的多细胞动物如水母、栉水母、磷虾、樱虾、头足类、棘皮动物等，都属于此类型。也有一些生物会分泌出能够发光的物质，海萤为最具代表性的生物。

海洋生物发出的光是冷光，不像白炽灯等会产生大量的热，因此具有极大的应用价值。生物性冷光有多种用途，如发光菌灯可用于火药库的安全照明。20世纪70年代以来，生物发光监测磷酸酶、三磷酸腺苷的技术也被广泛应用。同时，这些生物发光的机制也是生物学家研究生物化学和生物物理学的对象，具有很高的研究价值。

体验科学区域路线图

刘艳娜

生物课程主题	章	节	科技馆展厅	本书条目	对应页码
生物体的结构层次	第三章 生物体的结构	细胞	二层"探索与发现"B厅"生命之秘"展区	5. 细胞工厂	19
生物与环境	第十四章 生物与环境	环境对生物的影响	三层"科技与生活"A厅"衣食之本"展区	14. 种植区划	48
	第十四章 生物与环境	生态系统	四层"挑战与未来"A厅"地球诉说"展区	22. 福岛胡狼	79
生物圈中的绿色植物	第十章 生物的生殖和发育	绿色开花植物的生殖和发育	三层"科技与生活"A厅"衣食之本"展区	12. 种子概览	41
	第四章 生物的营养	绿色植物的生活需要水和无机盐	三层"科技与生活"A厅"衣食之本"展区	13. 土壤与作物	45
	第四章 生物的营养	绿色植物的生活需要水和无机盐	三层"科技与生活"A厅"衣食之本"展区	16. 根	56
生物圈中的人	第八章 生命活动的调节	激素调节	二层"探索与发现"B厅"生命之秘"展区	6. 成长的因子	23
	第五章 生物体内的物质运输	人体内的物质运输	二层"探索与发现"B厅"生命之秘"展区	7. 血液循环	26
	第八章 生命活动的调节	神经系统的组成 神经调节的基本方式	二层"探索与发现"B厅"生命之秘"展区	8. 神经系统与讯号	29
	第五章 生物体内的物质运输	人体内的物质运输	三层"科技与生活"A厅"健康之路"展区	20. 血管漫游 血管墙	70
	第六章 生物的呼吸	人的呼吸	三层"科技与生活"A厅"健康之路"展区	21. 驱除异物 烟之柱 烟之魔	75
	第八章 生命活动的调节	神经系统的组成	四层"挑战与未来"B厅"基因生命"展区	33. 帮他站起来	117
动物的运动和行为	第九章 动物的运动和行为	动物的运动	三层"科技与生活"A厅"健康之路"展区	17. 骨骼的质量——魔幻摇摆	59
生物的生殖、发育与遗传	第十一章 生物的遗传与变异	生物的性状遗传	二层"探索与发现"B厅"生命之秘"展区	2. 显性与隐性	6
	第十一章 生物的遗传与变异	生物的性状遗传	二层"探索与发现"B厅"生命之秘"展区	3. 孟德尔豌豆实验	11
	第十一章 生物的遗传与变异	生物的性状遗传	二层"探索与发现"B厅"生命之秘"展区	4. 解读基因密码	15
	第十章 生物的生殖和发育	人的生殖和发育	二层"探索与发现"B厅"生命之秘"展区	9. 受精过程	32
	第十章 生物的生殖和发育	人的生殖和发育	二层"探索与发现"B厅"生命之秘"展区	10. 胎儿发育	35
	第十章 生物的生殖和发育	生物生殖的多种方式	三层"科技与生活"A厅"衣食之本"展区	15. 农业科学家告诉你——杂交水稻	52

生物课程主题	章	节	科技馆展厅	本书条目	对应页码
生物的生殖、发育与遗传	第十一章 生物的遗传和变异	人类的遗传	四层"挑战与未来"B厅"基因生命"展区	32. 生个健康的孩子	113
	第十一章 生物的遗传和变异	生物的性状遗传	四层"挑战与未来"B厅"基因生命"展区	24. 基因竖琴	85
生物的多样性	第十二章 生命的起源和生物的进化	生物的进化	二层"探索与发现"B厅"生命之秘"展区	1. 十三种不同嘴型的雀鸟——达尔文的思索	1
	第十二章 生命的起源和生物的进化	生物的进化	二层"探索与发现"B厅"生命之秘"展区	11. 寻找同源器官	38
	生物的多样性	原核生物	四层"挑战与未来"A厅"能源世界"展区	23. 细菌发电	82
	生物的多样性	原核生物病毒	四层"挑战与未来"B厅"基因生命"展区	25. 它们有多大	88
	第十二章 生命的起源和生物的进化	生物的进化	四层"挑战与未来"B厅"基因生命"展区	30. 自然选择	105
	生物的多样性	病毒	四层"挑战与未来"B厅"基因生命"展区	34. 病毒入侵	121
	生物的多样性	原生生物 植物 动物	四层"挑战与未来"B厅"海洋开发"展区	35. 海洋生物与医药资源	124
生物技术	第十六章 生物技术	现代生物技术的发展	四层"挑战与未来"B厅"基因生命"展区	28. 我来克隆多莉羊	97
	第十六章 生物技术	现代生物技术的发展	四层"挑战与未来"B厅"基因生命"展区	29. 餐桌革命	101
健康地生活	健康地生活	免疫	三层"科技与生活"A厅"健康之路"展区	18. 敞开大门的躯体	63
	健康地生活	免疫	三层"科技与生活"A厅"健康之路"展区	19. 人体保卫战	66
生物技术（高中）	基因工程	基因工程的操作	四层"挑战与未来"B厅"基因生命"展区	26. DNA探针	91
	基因工程	基因工程的操作	四层"挑战与未来"B厅"基因生命"展区	27. 如此复制	94
分子与细胞（高中）	细胞的分子组成	蛋白质的结构与功能	四层"挑战与未来"B厅"基因生命"展区	31. 蛋白质跳舞	109

注：

1. 本区域路线图中的展品在初中生物教材中章与节的位置，以北京版教材为依据编写。

2. 一个展品涉及多个知识点的，以主要的知识点为准进行编写。

3. 涉及高中生物知识的展品，在本区域路线图的最后列出。

十三种不同嘴型的雀鸟——达尔文的思索

学习任务单

学生的学籍号

学生姓名：	
学　　校：	
指导教师：	
完成时间：	

教师评价：	学生完成情况： □ A—非常好 □ B—比较好 □ C—合格 □ D—需要改进	质性描述及建议：

任务一　了解加拉帕戈斯群岛的地雀

体验下列四种不同雀鸟的喙型哪种在取食树上的昆虫时最容易？

红木树雀　　素食树雀　　鸳形树雀　　莺雀

任务二　了解生物与环境的关系

如果加拉帕戈斯群岛遭遇了前所未有的干旱，植物大量死亡，种子的数量急剧减少，那么数量急剧减少的雀鸟是哪一种？说明你的理由。

任务三　体验自然选择的过程

使用装有豆粒的瓷盘、塑料杯、晾衣夹、汤匙、镊子、解剖针等模拟自然选择的过程。

我的收获和感受

中国科学技术馆二层"探索与发现"B厅"生命之秘"展区

显 性 与 隐 性
学习任务单

学生的学籍号

学生姓名：

学　　校：

指导教师：

完成时间：

教师评价：

学生完成情况：
- ☐ A—非常好
- ☐ B—比较好
- ☐ C—合格
- ☐ D—需要改进

质性描述及建议：

任务一　认识基因控制性状

1. 你所选择的一对相对性状中，哪个是显性性状？哪个是隐性性状？
2. 表现出显性性状的基因组成和隐性性状的基因组成分别是怎样的？

任务二　理解性状遗传的规律性

完成做一做，从眼睛、鼻子或牙齿形状等性状中任选一对相对性状按照分析解释中的格式写出遗传图解，注明亲子代体细胞和生殖细胞中的基因组成。

任务三　调查家庭中的遗传性状

在有无酒窝、有无美人尖、左右利手等遗传性状中任选1~2个，设计表格，调查自己家庭中每个家庭成员的性状并做好记录，同时尝试根据亲子代之间的性状表现，看是否能判断出一对相对性状的显隐性关系。

我的收获和感受

中国科学技术馆二层"探索与发现"B厅"生命之秘"展区

孟德尔豌豆实验
学习任务单

学生的学籍号

学生姓名:	
学　校:	
指导教师:	
完成时间:	

教师评价:	学生完成情况: ☐ A—非常好 ☐ B—比较好 ☐ C—合格 ☐ D—需要改进	质性描述及建议:

任务一　认识孟德尔和他的豌豆实验

1．孟德尔的主要贡献是什么？
2．解释皱粒豌豆和圆粒豌豆杂交后的现象。

任务二　了解孟德尔豌豆实验过程

到中国科技馆参观体验孟德尔豌豆杂交实验展品。

任务三　模拟孟德尔豌豆杂交实验

用纸箱和乒乓球模拟孟德尔豌豆杂交实验，把活动和表格照片贴在这里。

我的收获和感受

中国科学技术馆二层"探索与发现"B厅"生命之秘"展区

解读基因密码
学习任务单

学生姓名：

学　　校：

指导教师：

完成时间：

教师评价：

学生完成情况：
- ☐ A—非常好
- ☐ B—比较好
- ☐ C—合格
- ☐ D—需要改进

质性描述及建议：

任务一　体验碱基互补配对原则

到中国科技馆体验"解读基因密码"展品，说出组成DNA的碱基互补配对的规律。

任务二　了解DNA的结构特点

1. 按照"做一做"制作DNA结构模型，并写出你所制作的模型的碱基对序列。

2. 将你制作的DNA结构模型与其他同学制作的进行比较，列表比较它们有哪些相同点和不同点。

任务三　认识基因

1. 基因是什么？

2. 用图示来表示基因、DNA和染色体之间的关系。

3. 基因中所蕴含的遗传信息储存在哪里？

我的收获和感受

中国科学技术馆二层"探索与发现"B厅"生命之秘"展区

细胞工厂

学习任务单

学生姓名：	
学　　校：	
指导教师：	
完成时间：	

教师评价：	学生完成情况： □ A—非常好 □ B—比较好 □ C—合格 □ D—需要改进	质性描述及建议：

任务一　体验细胞的结构

体验"细胞工厂"这件展品，列表比较动、植物细胞结构的区别。

任务二　认识细胞的结构特点

1. 按照"做一做"制作细胞结构模型。
2. 将你制作的细胞结构模型与其他同学制作的进行比较，有哪些相同点和不同点？

任务三　认识细胞的功能

请将细胞的结构及其对应的功能进行连线。

叶绿体　　　　细胞的"控制中心"

线粒体　　　　细胞的"能量转换站"

溶酶体　　　　细胞内"生产蛋白质的机器"

细胞核　　　　细胞的"动力车间"

核糖体　　　　细胞的"消化车间"

我的收获和感受

中国科学技术馆二层"探索与发现"B厅"生命之秘"展区

成长的因子
学习任务单

学生姓名：

学　校：

指导教师：

完成时间：

	学生完成情况：	质性描述及建议：
教师评价：	☐ A—非常好	
	☐ B—比较好	
	☐ C—合格	
	☐ D—需要改进	

任务一　认识激素

1. 观看并操作展品，并回答以下问题。

下列是人体主要内分泌腺所处的位置、名称、所分泌激素及功能，请用线将他们连起来。

脑部	颈部	体腔下方

垂体	男性性腺（睾丸）	甲状腺	女性性腺（卵巢）

甲状腺激素	雌性激素	生长激素	雄性激素

加快蛋白质合成、促进生长	促进代谢、促进生长发育	促进性器官成熟、副性征发育、维持性功能

任务二　认识激素分泌异常时的影响

举例说明激素分泌异常时对人体的影响。

任务三　调查激素类药品

1. 将"做一做"中小调查的结果填写在下面的表格里。

激素类药品调查汇总表

药品名称				
使用方法				
功能				
推测疾病				

2. 你所调查的几种激素类药品在使用方法上有区别吗？请简单地进行分析。

我的收获和感受

中国科学技术馆二层"探索与发现"B厅"生命之秘"展区

血液循环
学习任务单

学生姓名：	
学 校：	
指导教师：	
完成时间：	

教师评价：	学生完成情况： □ A—非常好 □ B—比较好 □ C—合格 □ D—需要改进	质性描述及建议：

任务一　了解血液循环的过程

为血液在全身循环提供动力的器官是什么？

任务二　了解血液循环的发现

阅读材料，了解血液循环的发现史。

任务三　模拟心脏的工作

完成"做一做"，模拟心脏的工作，并将实验照和实验结果记录在这里。

我的收获和感受

中国科学技术馆二层"探索与发现"B厅"生命之秘"展区

神经系统与讯号
学习任务单

学生姓名：

学　　校：

指导教师：

完成时间：

教师评价：

学生完成情况：
- ☐ A—非常好
- ☐ B—比较好
- ☐ C—合格
- ☐ D—需要改进

质性描述及建议：

任务一　了解神经细胞

请到中国科技馆观察神经细胞模型，并绘制神经细胞图。

任务二　认识神经调节的基本方式

请到中国科技馆体验"鱼嘴中按牙齿"的展品，分析在操作中你的神经系统是如何发挥作用的？

任务三　测一测你的反应时间

完成"做一做"中的活动，并将你的记录表贴在这里。

我的收获和感受

中国科学技术馆二层"探索与发现"B厅"生命之秘"展区

受精过程
学习任务单

学生的学籍号

学生姓名：	
学　校：	
指导教师：	
完成时间：	

教师评价：	学生完成情况： □ A—非常好 □ B—比较好 □ C—合格 □ D—需要改进	质性描述及建议：

任务一　了解生殖细胞

你观察到的精子和卵细胞之间有什么区别？

任务二　了解受精过程

到中国科技馆二层B厅"生命之秘"展区体验模拟受精过程，通过观察分析，最终有几个精子能与卵细胞结合？

任务三　模拟双胞胎的形成过程

请用彩笔、彩色卡纸、订书机、剪刀、胶带等模拟出同卵双胞胎和异卵双胞胎的形成过程。

我的收获和感受

中国科学技术馆二层"探索与发现"B厅"生命之秘"展区

胎儿发育
学习任务单

学生的学籍号

学生姓名：

学　　校：

指导教师：

完成时间：

教师评价：	学生完成情况： □ A—非常好 □ B—比较好 □ C—合格 □ D—需要改进	质性描述及建议：

任务一　了解胎儿发育的过程

1．胎儿发育的起点是什么？

2．人的胎儿发育主要在哪里完成的？

任务二　了解不同动物的胚胎发育

观看短片介绍，分析下列动物的胚胎发育类型是卵生的是（　　　　）

A．草鱼

B．壁虎

C．乌龟

D．鸡

E．猪

F．奶牛

G．兔

H．人

任务三　测量胎儿的体重

根据"做一做"完成胎儿体重的测量，将对应的排列顺序列表排列在这里。

我的收获和感受

中国科学技术馆二层"探索与发现"B厅"生命之秘"展区

寻找同源器官

学习任务单

学生姓名：	
学　　校：	
指导教师：	
完成时间：	

教师评价：	学生完成情况： □ A—非常好 □ B—比较好 □ C—合格 □ D—需要改进	质性描述及建议：

任务一　体验"同源器官"展品

体验"同源器官"展品。请分析下列图片分别属于哪些生物的哪部分骨骼。

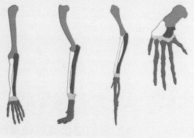

任务二　认识"同源器官"

完成做一做，将实验结果记录在这里。

A组	紫薯	白萝卜	胡萝卜
比较外形			
比较功能			
比较起源			

任务三　寻找"同源器官"

请在生活环境中寻找生物的同源器官，并拍照贴于下方，或用铅笔在下方绘出示意图。

我的收获和感受

中国科学技术馆二层"探索与发现"B厅"生命之秘"展区

种子概览
学习任务单

学生的学籍号

学生姓名：

学　　校：

指导教师：

完成时间：

	学生完成情况：	质性描述及建议：
教师评价：	☐ A—非常好	
	☐ B—比较好	
	☐ C—合格	
	☐ D—需要改进	

任务一　认识常见作物

到中国科技馆通过阅读展品的图文展板、观察静态模型，说出你每天吃的主食和油料分别来自哪些植物。

任务二　认识不同类型的种子

观察花生、水稻、玉米种子的结构，说一说给我们提供营养物质的主要是这些植物种子中的哪个结构。

任务三　鉴定种子中的营养物质

1. 取花生种子一粒，剖成两瓣，平放在白纸上，用力按压花生种瓣，拿开花生种子后，观察白纸上有何变化，试分析造成这种现象的原因。

2. 取大米50克，用研钵研磨成粉，加水搅拌成匀浆，滴入两滴碘溶液，观察颜色变化，解释原因（已知淀粉遇碘变蓝）。

我的收获和感受

中国科技馆三层"科技与生活"A厅"衣食之本"展区

土壤与作物

学习任务单

学生的学籍号

学生姓名：	
学　　校：	
指导教师：	
完成时间：	

教师评价：	学生完成情况： □ A—非常好 □ B—比较好 □ C—合格 □ D—需要改进	质性描述及建议：

任务一　观察植物生长的所需土壤及其根系

1. 观察分析大豆生长在什么样的土壤中？（请打"√"）

□水生土壤　　□潮湿土壤　　□旱生土壤　　□干旱土壤

2. 观察大豆和水稻的根系，请画出它们的模式图。

任务二　观察植物对水和无机盐的需求量

操作展品，记录大豆生长过程中需要施加的水、氮、磷、钾中，哪种营养物质需求量最多？哪种营养物质需求量最少？

任务三　在家里栽培一种植物

1. 你所选的植物是什么？准备了什么样的土壤？依据是什么？

2. 怎样安排浇水？依据是什么？

我的收获和感受

中国科学技术馆三层"科技与生活"A厅"衣食之本"展区

种植区划
学习任务单

学生的学籍号

学生姓名：

学　　校：

指导教师：

完成时间：

教师评价：	学生完成情况： □ A—非常好 □ B—比较好 □ C—合格 □ D—需要改进	质性描述及建议：

任务一　认识常见作物及其产区

1. 观察常见作物模型，说说我们平常吃的食物来源于哪些植物？

2. 触摸常见作物按钮，说说它们分别产自哪些区域？

任务二　思考作物产区与作物习性的关系

观察水稻和小麦的分布区，聆听水稻和小麦的相关介绍，说说水稻和小麦的生长条件有何不同。

任务三　作物分区

根据对常见作物产区的了解，总结一下这些常见的作物哪些产自南方，哪些产自北方，哪些南北方都有（南北方以秦岭淮河为界），填在图中对应区域：

南方产　　南北方均产　　北方产

我的收获和感受

中国科技馆三层"科技与生活"A厅"衣食之本"展区

根

学习任务单

学生的学籍号

学生姓名：	
学　校：	
指导教师：	
完成时间：	

教师评价：	学生完成情况： □ A—非常好 □ B—比较好 □ C—合格 □ D—需要改进	质性描述及建议：

任务一　观察根的分类

1. 操作5台触屏电脑，记录根有哪些类型。

2. 观察浮雕中的根系，讨论其属于直根系还是须根系，依据是什么？
A同学：
B同学：
C同学：

任务二　观察根尖的结构

操作展品，观察根尖有哪些分区？请描述每个区的特征。

任务三　植物的根是多种多样的

操作展品，记录大豆的根与其他生物的根有哪些不同（至少写出两点，或画出示意图）。

我的收获和感受

中国科学技术馆三层"科技与生活"A厅"衣食之本"展区

农业科学家告诉你——杂交水稻
学习任务单

学生姓名：

学　校：

指导教师：

完成时间：

教师评价：	学生完成情况： □ A—非常好 □ B—比较好 □ C—合格 □ D—需要改进	质性描述及建议：

任务一　了解遗传育种的基本方法

通过观看视频资料，归纳常见的遗传育种方式有哪些？基本原理是什么？

任务二　区分不同的育种方法

通过参观展品和查阅资料，了解中国在作物育种上的五大成果，说说它们分别运用了哪种育种方法？

任务三　绘制杂交水稻原理图

根据视频介绍和分析解释，绘制杂交水稻原理图。

图注：R：原始杂交水稻；A：雄性不育品种；B：提供花粉，保持杂交后代不育性的品种；D：最终的杂交水稻；×：杂交符号；♂：父本；♀：母本；→：杂交结果是。

我的收获和感受

中国科技馆三层"科技与生活"A厅"衣食之本"展区

骨骼的质量 魔幻摇摆
学习任务单

学生的学籍号

学生姓名：	
学 校：	
指导教师：	
完成时间：	

教师评价：	学生完成情况： □ A—非常好 □ B—比较好 □ C—合格 □ D—需要改进	质性描述及建议：

任务一 观察长骨、椎骨的结构和形态

1．观察展品，尝试画出长骨和椎骨的结构。

2．请从骨的成分分析，为什么老年人容易骨折？

任务二 思考长骨和椎骨在运动中的作用

1．按压"正常"骨及"骨质疏松"骨，体验健康骨在运动中的重要性。

2．坐在脊椎骨旁边的座椅上左右摇摆，体会脊椎骨在活动时的运动特点及其在人体运动中的作用。

任务三 思考如何才能使骨更健康

如果经常食用下列食品，哪些有助于骨质健康（请画✓），哪些不利于骨质健康（请画✗）。

豆浆（　）　　可乐（　）　　雪碧（　）　　　牛奶（　）　　新鲜蔬菜（　）
鸡蛋（　）　瘦牛肉（　）　油条（　）　新鲜水果（　）　　　坚果（　）

我的收获和感受

中国科学技术馆三层"科技与生活" A厅"健康之路"展区

敞开大门的躯体
学习任务单

学生的学籍号

学生姓名：

学　　校：

指导教师：

完成时间：

	学生完成情况：	质性描述及建议：
教师评价：	☐ A—非常好 ☐ B—比较好 ☐ C—合格 ☐ D—需要改进	

任务一　认识病毒和细菌

对照结构模式图，说出病毒和细菌的基本机构。

任务二　了解艾滋病

1. 通过学习，说出艾滋病的主要危害是什么？
2. 艾滋病的传播途径和有效的预防措施有哪些？

任务三　制作病毒或细菌模型

制作一个病毒或细菌的模型，把照片贴在这里。

我的收获和感受

中国科技馆三层"科技与生活"A厅"健康之路"展区

人体保卫战

学习任务单

学生的学籍号

学生姓名：	
学　校：	
指导教师：	
完成时间：	

教师评价：	学生完成情况： ☐ A—非常好 ☐ B—比较好 ☐ C—合格 ☐ D—需要改进	质性描述及建议：

任务一　认识人体的呼吸系统

1. 对照模型或结构模式图，说出人体呼吸系统的组成。
2. 呼吸系统中对入侵者有阻挡作用的结构有哪些？

任务二　了解人体的免疫防线

1. 到中国科技馆参与体验"人体保卫战"展品。
2. 阐述抗体的作用。
3. 注射疫苗可以刺激人体产生抗体，那疫苗是什么呢？

任务三　完成做一做

制作病毒和抗体的模型，模拟特异性免疫反应，把照片贴在这里。

我的收获和感受

中国科技馆三层"科技与生活"A厅"健康之路"展区

血管漫游 血管墙
学习任务单

学生姓名：

学　　校：

指导教师：

完成时间：

教师评价：	学生完成情况： □ A—非常好 □ B—比较好 □ C—合格 □ D—需要改进	质性描述及建议：

任务一　体验血管漫游

1. 体验"血管漫游"展品，记录自己的脉搏：＿＿＿＿＿次/分钟。
2. 体验"血管墙"展品，比较健康血管和动脉硬化血管的区别，并记录在下表中。

血管生理指标对比表

血管类型	血流速度	血管壁
健康血管		
动脉硬化血管		

任务二　测量脉搏数

请将你在静坐和运动后两种状态下测量的脉搏搏动次数记录于下表中。

脉搏搏动次数统计表

状态	次/分钟
安静	
运动	

任务三　血管漫游与健康生活

查阅整理资料，写一份关于动脉硬化的科普文章，呼吁民众关注血管健康。

我的收获和感受

中国科学技术馆三层"科技与生活"A厅"健康之路"展区

148

驱出异物 烟之柱 烟之魔
学习任务单

学生姓名：	
学　校：	
指导教师：	
完成时间：	

教师评价：	学生完成情况： □ A—非常好 □ B—比较好 □ C—合格 □ D—需要改进	质性描述及建议：

任务一　了解呼吸系统的结构

1. 呼吸系统由哪些器官组成？
2. 气管有哪些帮助清除异物的结构？

任务二　模拟气管驱出异物的过程

1. 操作"驱出异物"展品模型，模仿气管中纤毛驱出异物的过程。

任务三　观察洗衣机排水管的结构

1. 观察洗衣机排水管，弯曲并查看管道开放的情况。
2. 在生活中，找一根没有环状肋条的软管，通过实验分析其是否具有同样的维持开放的功能？

我的收获和感受

中国科学技术馆三层"科技与生活"A厅"健康之路"展区

福岛胡狼
学习任务单

学生姓名:	
学　校:	
指导教师:	
完成时间:	

教师评价:	学生完成情况： □ A—非常好 □ B—比较好 □ C—合格 □ D—需要改进	质性描述及建议：

任务一　了解生态系统的结构与功能

简单写出生态系统的结构与功能。

任务二　体验福岛胡狼游戏

请到中国科技馆参与"福岛胡狼"游戏，并分析游戏成功或失败的原因。

任务三　完成编织食物网活动

通过参与编织食物网活动，说一说这个活动给了你什么启发？

我的收获和感受

中国科学技术馆四层"挑战与未来"A厅"地球诉说"展区

细菌发电
学习任务单

学生姓名：	
学 校：	
指导教师：	
完成时间：	

教师评价：	学生完成情况： □ A—非常好 □ B—比较好 □ C—合格 □ D—需要改进	质性描述及建议：

任务一 操作并观看展品

1. 去中国科技馆"挑战与未来" 展厅"能源世界"展区，观看展品。
2. 尝试选择3种不同的制造甲烷的细菌组合，并将能成功制造甲烷的组合记录下来，你最多能选出几种组合方式？

任务二 认识"细菌发电"

观看展品中的视频，记录甲烷气体产生的过程。

任务三 描述"做一做"中纤维素滤纸的变化

记录纤维素滤纸形态和颜色的变化。

我的收获和感受

中国科学技术馆四层"挑战与未来"A厅"能源世界"展区

基因竖琴

学习任务单

学生姓名：	
学　校：	
指导教师：	
完成时间：	

教师评价：	学生完成情况： □ A—非常好 □ B—比较好 □ C—合格 □ D—需要改进	质性描述及建议：

任务一　了解人体细胞中的染色体

1. 人体细胞中共有多少条染色体？分别来自于哪里？
2. 男性细胞的染色体种类和女性细胞的染色体种类是否一致？如果不一致，差异在哪里？

任务二　对基因竖琴中的染色体进行简单分类

1. 根据着丝点的位置，染色体共有哪些种类？
2. 请根据着丝点的位置，对24条染色体进行分类。

任务三　体验DNA双螺旋结构的构建

使用彩笔、纸张、彩色胶带、剪刀，构建DNA的双螺旋结构。

我的收获和感受

中国科学技术馆四层"挑战与未来"B厅"基因生命"展区

它们有多大
学习任务单

学生的学籍号

学生姓名：	
学　校：	
指导教师：	
完成时间：	

教师评价：	学生完成情况： □ A—非常好 □ B—比较好 □ C—合格 □ D—需要改进	质性描述及建议：

任务一　了解"手上的微生物"

在仿真显微镜下观察你手上有哪些微生物，并尝试把它们画在下面。

任务二　展示你的微生物模型

请将你制作的微生物模型以照片或绘画的方式展示在下方。

任务三　了解微生物与人类的关系

通过观察尝试写出人们利用微生物制作的食品或工业产品，并写出所利用的微生物类型。

我的收获和感受

中国科学技术馆四层"挑战与未来"B厅"基因生命"展区

DNA探针
学习任务单

学生姓名：	
学　校：	
指导教师：	
完成时间：	

教师评价：	学生完成情况： ☐ A—非常好 ☐ B—比较好 ☐ C—合格 ☐ D—需要改进	质性描述及建议：

任务一　了解DNA的结构组成

1. DNA是单链结构还是双链结构?
2. DNA的基本单位是什么? 相互之间有什么对应关系?

任务二　理解DNA排列顺序的意义

1. DNA分子中基本单位的排列顺序是怎样的?
2. 如果想要探究两者之间的亲属关系，应该如何研究?

任务三　探究DNA探针的工作原理

在平板上随机摆放一组DNA序列，寻找在屏幕中是否有相同的序列顺序，并确定具体的位置。

我的收获和感受

中国科学技术馆四层"挑战与未来"B厅"基因生命"展区

如此复制
学习任务单

学生姓名：	
学　　校：	
指导教师：	
完成时间：	

教师评价：	学生完成情况： □ A—非常好 □ B—比较好 □ C—合格 □ D—需要改进	质性描述及建议：

任务一　了解PCR的过程

1. PCR的全称是什么？三个字母分别代表什么含义？
2. PCR大致分成哪些步骤？请简单概括总结。

任务二　了解PCR体系中的各种组分

阅读材料，说出在进行PCR时，需要向体系中加入哪些组分？分别都有什么作用？

任务三　模拟DNA复制的过程

使用彩笔、彩色纸张、订书机、剪刀、胶带模拟DNA复制过程。

我的收获和感受

中国科学技术馆四层"挑战与未来"B厅"基因生命"展区

我来克隆多莉羊
学习任务单

学生的学籍号

学生姓名：

学　校：

指导教师：

完成时间：

教师评价：	学生完成情况： □ A—非常好 □ B—比较好 □ C—合格 □ D—需要改进	质性描述及建议：

任务一　体验克隆羊诞生的过程

请到中国科技馆体验克隆羊多莉的诞生过程，并写下相应步骤。

任务二　谈一谈克隆技术

如何利用动物克隆技术造福人类？谈谈你的想法。

任务三　模拟基因克隆的过程

完成"做一做"，用不同颜色的彩纸代表不同细胞，模拟基因克隆的过程，将你推测的子代性状表现贴在这里。

我的收获和感受

中国科学技术馆四层"挑战与未来"B厅"基因生命"展区

餐桌革命
学习任务单

学生姓名：	
学　　校：	
指导教师：	
完成时间：	

教师评价：	学生完成情况： □ A—非常好 □ B—比较好 □ C—合格 □ D—需要改进	质性描述及建议：

任务一　认识转基因食品

1. 到中国科技馆"挑战与未来"展区，观看"餐桌革命"展品。
2. 将塑料板放入感应区，认识转基因食品，将你观看到的结果记录下来。

转基因草莓：　转入了＿＿＿＿＿＿＿＿＿＿基因，目的是：＿＿＿＿＿＿＿＿＿＿＿

转基因西红柿：抑制了＿＿＿＿＿＿＿＿＿基因，目的是：＿＿＿＿＿＿＿＿＿＿＿

转基因玉米：　转入了＿＿＿＿＿＿＿＿＿＿基因，目的是：＿＿＿＿＿＿＿＿＿＿＿

转基因大米：　转入了＿＿＿＿＿＿＿＿＿＿基因，目的是：＿＿＿＿＿＿＿＿＿＿＿

转基因猪肉：　转入了＿＿＿＿＿＿＿＿＿＿基因，目的是：＿＿＿＿＿＿＿＿＿＿＿

任务二　调查超市中的转基因食品

1. 你找到了哪些转基因食品或含有转基因生物的产品，把它们记录下来。
2. 你会选择购买转基因食品吗？说说你的理由。

我的收获和感受

中国科学技术馆四层"挑战与未来"B厅"基因生命"展区

自然选择
学习任务单

学生的学籍号

学生姓名：	
学　　校：	
指导教师：	
完成时间：	
教师评价：	学生完成情况： □ A—非常好 □ B—比较好 □ C—合格 □ D—需要改进	质性描述及建议：

任务一　体验自然选择

去中国科技馆体验"自然选择"展品，回答以下问题：

1. 在限定时间内，你打到了多少只猎物？

2. 你捕获的猎物中，体色是与环境背景颜色相近的多还是颜色差异大的多？

3. 请你推测，如果环境发生变化，你捕获的最多的猎物的体色会发生变化吗？为什么？

任务二　了解自然选择学说的基本观点

1. 完成做一做，将实验二的结果记录在下列表格中。

模拟白色背景下三代后不同颜色个体的数量变化

		黑色	黄色	白色
第一代	起始数量			
	幸存数量			
第二代	起始数量			
	幸存数量			
第三代	起始数量			
	幸存数量			

2. 用达尔文自然选择学说的基本观点解释"做一做"中的实验结果。

任务三　寻找自然选择的实例

请到自然环境（公园、草地、森林）中找到一种具有保护色的生物，将它及其所处的环境拍成照片贴在这里。

我的收获和感受

中国科学技术馆四层"挑战与未来"B厅"基因生命"展区

蛋白质舞蹈
学习任务单

学生的学籍号

学生姓名：	
学　　校：	
指导教师：	
完成时间：	

教师评价：	学生完成情况： □ A—非常好 □ B—比较好 □ C—合格 □ D—需要改进	质性描述及建议：

任务一　观察密码子

在体验展品的过程中观察氨基酸所对应的密码子，尝试写出至少2个，如UCA—丝氨酸。

任务二　蛋白质变性

我们都知道生鸡蛋都是液体状的，可是煮熟后为什么就变成固体了呢？

任务三　蛋白质在哪里

观察并举例说出身边的哪些东西中含有蛋白质。

我的收获和感受

中国科学技术馆四层"挑战与未来"B厅"基因生命"展区

生个健康的孩子
学习任务单

学生的学籍号

学生姓名：

学　　校：

指导教师：

完成时间：

教师评价：	学生完成情况： □ A—非常好 □ B—比较好 □ C—合格 □ D—需要改进	质性描述及建议：

任务一　了解生殖细胞的产生

1. 生殖细胞的产生场所是哪里？生殖细胞有哪些种类？
2. 产生生殖细胞的过程叫什么？生殖细胞中有多少条染色体？

任务二　了解控制性状的基因

1. 一般情况下，几个基因控制同一性状？
2. 当控制性状的基因不相同时，个体的表现型由什么决定？

任务三　模拟基因的自由组合

完成"做一做"，模拟基因的自由组合，并计算出后代中各基因型出现的概率。

我的收获和感受

中国科学技术馆四层"挑战与未来"B厅"基因生命"展区

帮他站起来
学习任务单

学生姓名：	
学　　校：	
指导教师：	
完成时间：	

教师评价：	学生完成情况： □ A—非常好 □ B—比较好 □ C—合格 □ D—需要改进	质性描述及建议：

任务一　展品体验

请到中国科技馆中相应展台处动手操作帮助患者"站起来"，并用语言描述你看到的现象。

任务二　神经细胞的结构

通过动手操作并根据视野下的影像尝试画出神经干细胞和神经细胞的结构。

任务三　细胞分化的过程

查阅资料，了解胚胎干细胞、脊髓干细胞及神经干细胞的分化过程，并尝试将任意一个你感兴趣的细胞分化的过程画在下面。

我的收获和感受

中国科学技术馆四层"挑战与未来"B厅"基因生命"展区

病毒入侵

学习任务单

学生的学籍号

学生姓名：

学　校：

指导教师：

完成时间：

教师评价：

学生完成情况：
- ☐ A—非常好
- ☐ B—比较好
- ☐ C—合格
- ☐ D—需要改进

质性描述及建议：

任务一　了解6种病毒的相关知识

请到中国科技馆了解SARS病毒、埃博拉病毒、禽流感病毒、马铃薯病毒、杆状病毒、病毒性出血败血症病毒的大小、形状及传播方式。

任务二　找到宿主是人类的病毒

请到中国科技馆体验病毒侵染宿主的过程，并找出宿主是人类的病毒。

任务三　计算生活中的物体能容纳的病毒数

计算如：硬币、钉子、手机等能容纳的病毒数。

我的收获和感受

中国科学技术馆四层"挑战与未来"B厅"基因生命"展区

海洋生物与医药资源

学习任务单

学生的学籍号

学生姓名：	
学 校：	
指导教师：	
完成时间：	

教师评价：	学生完成情况： ☐ A—非常好 ☐ B—比较好 ☐ C—合格 ☐ D—需要改进	质性描述及建议：

任务一 了解海洋生物的生活

1. 海洋生物生活面对的挑战有哪些？
2. 海洋生物是如何应对生活中的挑战的？

任务二 分析海洋生物与我们生活的关系

展品中有哪些海洋生物与我们的生活息息相关？

任务三 观察海带

1. 完整的海带可以分为几部分？
2. 你还观察到了海带的哪些结构特点？

我的收获和感受

中国科学技术馆四层"挑战与未来"B厅"海洋开发"展区